光学超晶格结构设计及其在光波长转换中的应用

刘 涛◎编著

人民邮电出版社
北京

图书在版编目（CIP）数据

光学超晶格结构设计及其在光波长转换中的应用 / 刘涛编著. -- 北京 : 人民邮电出版社, 2023.12
ISBN 978-7-115-63103-9

Ⅰ. ①光… Ⅱ. ①刘… Ⅲ. ①超晶格半导体—研究 Ⅳ. ①TN304.9

中国国家版本馆CIP数据核字(2023)第208618号

内 容 提 要

本书主要介绍基于光学超晶格的光波长转换技术，首先介绍光学超晶格的基本概念以及基于光学超晶格的光波长转换基本原理，其中包括基于不同效应的光波长转换原理及实现方案、耦合波方程的龙格库塔解法、遗传算法在光学超晶格结构设计中的应用；然后分别讲解均匀分段结构光学超晶格、阶梯分段结构光学超晶格、啁啾结构光学超晶格及其在光波长转换中的应用；最后探讨光学超晶格在频率上转换单光子探测技术中的应用。

本书可作为高等院校通信、光学等相关专业本科生、研究生的教学用书，也可作为非线性光学、光学材料相关专业研究人员和工程技术人员的参考用书。

◆ 编　　著　刘　涛
　责任编辑　李　静
　责任印制　马振武
◆ 人民邮电出版社出版发行　　北京市丰台区成寿寺路 11 号
　邮编　100164　　电子邮件　315@ptpress.com.cn
　网址　https://www.ptpress.com.cn
　固安县铭成印刷有限公司印刷
◆ 开本：700×1000　1/16
　印张：9　　　　　　　　2023 年 12 月第 1 版
　字数：163 千字　　　　　2023 年 12 月河北第 1 次印刷

定价：89.80 元

读者服务热线：(010)81055493　印装质量热线：(010)81055316
反盗版热线：(010)81055315
广告经营许可证：京东市监广登字 20170147 号

前言

光学超晶格是实现非线性频率转换的一种重要光学材料，通过对其结构进行设计，可以得到光学超晶格晶体材料通光范围内任意波长的激光或者纠缠光子输出，因此在光通信、光谱学、量子技术、生物医学检测、太赫兹波等领域有着广泛的应用。本书主要介绍基于光学超晶格的光波长转换技术。

光波长转换技术是光网络中的关键技术之一，它不仅能够使光网络中有限的波长资源得到充分的利用，还可以支持不同波长之间的连接，降低拥塞，增强光网络的重构能力和生存能力。光波长转换过程除了要求具有较高的转换效率，还需要有较大的转换带宽及较好的平坦度，特别是对于波分复用系统中的多信道光波长转换（波带转换）而言，转换带宽和平坦度的要求更为重要。针对上述需求，本书介绍多种能够实现高效、平坦、带宽大的光波长转换的光学超晶格结构，以及基于这些结构的光波长转换实现方案。

全书共有 6 章：第 1 章介绍光波长转换器在光网络中的作用，以及基于光学超晶格的光波长转换技术的发展现状；第 2 章介绍光学超晶格的原理——准相位匹配理论，阐述基于光学超晶格的光波长转换的基本原理和实现方案，给出求解描述光波相互作用的耦合波方程的龙格库塔解法，以及用于对光学超晶格结构进行优化设计的遗传算法；第 3 章介绍均匀分段结构光学超晶格的设计方法、基于该结构的不同光波长转换实现方案、相应的超晶格结构优化设计参数、光波长转换性能，以及温度和晶体制造误差对光波长转换性能的影响，并且针对双通构型光波长转换方案，介绍求解耦合波方程的矩阵解法；第 4 章介绍阶梯分段结构光学超晶格的设计方法、基于该结构的不同光波长转换实现方案、相应的超晶格结构优化设计参数及各参数影响光波长转换性能的规律，还对采用阶梯分段、均匀分段等结构的光波长转换性能进行对比分析；第 5 章介绍两种结构较复杂的光学超晶格，即贝塞尔啁啾结构光学超晶格和正弦振荡衰减啁啾结构光学超晶格，给出它们的结构参数设计方法，分析基于这两种超晶格结构的光波长转换性能及晶体长度制造误差对光波长转换性能的影响；第 6 章针对量子通信中的长波长量子信号的探测问题，介绍利用光学超晶格和现有商用探测器实现对长波长单光子进行探测的两种可行性方案，分析这两种方案中晶体长度和泵浦光功率对光波长转换效率的影响。

本书是我们团队集体研究的成果，特别感谢王云棣、崔洁、雷艳旭、孙春阳、房新新等多位研究生所做的大量研究工作。本书在编写过程中参考了大量文献资料，谨向这些文献资料的作者致以崇高的敬意！另外，本书的出版得到了中央高校基本科研业务费项目（2020MS099）的资助，在此表示感谢！

由于作者水平有限，书中难免存在疏漏和不足之处，恳请广大读者批评指正。

作者

2023 年 9 月

目 录

第1章 绪论

1.1 光波长转换器的作用

随着物联网产业、多媒体应用等快速发展，人们对信息的需求急速增长，同时也对通信网络提出了更高的要求。作为通信网的核心，光网络承载着全球80%以上的电信业务，是信息传输和数据传输的主体。波分复用[1]（Wave-Division Multiplexing，WDM）技术是在光网络中进行超大容量信息传输的最有效方式，其特点在于传输信道是分开的，分别对应于不同的波长，因此可以在单根光纤上传送不同信道的多个信号，从而大大增加了光网络系统的容量。

在 WDM 光网络中，波长相同的两个信道同时从一个端口输出信号会形成波长竞争，从而造成 WDM 光网络的阻塞率上升，因此需要采用相关技术来解决此问题。光波长转换技术就是解决该问题的关键技术。光波长转换器的功能是将终端或者其他设备传来的光信号进行波长转换，把波长不匹配的光信号转换到满足条件的波长上，从而有效地降低交换节点处波长竞争所导致的网络阻塞率，加强波长路由在光网络中的动态路由本领，提高光网络波长资源的利用率。在含有波长转换器的光网络中，使用不同的波长可以在不同的链路上建立光通道，既提高了网络的灵活性，又有利于网络传输的维护和管理。由此可见，波长转换器[2, 3]在光网络中有着重要的地位与作用，研究与开发满足实用要求的光波长转换器是一项非常有意义的课题。

理想的光波长转换器应当满足以下要求[4]：符合高速传输的要求；为了使多个转换器能够进行级联，输出信号的信噪比和消光比不能太低；为了满足WDM 光网络的波长转换要求，输入和输出需要有足够大的波长范围；转换时引入的啁啾应尽可能小；对输入偏振的影响不大，且输出的响应要快；实际应用起来比较方便，等等。目前已有许多光波长转换方案，如基于交叉相位调制、交叉增益调制、四波混频效应的光波长转换方案等[5-8]。与这些方案相比，基于光学超晶格的光波长转换器既能够很好地满足上述要求[3, 9]，还可以通过合理设计光学超晶格的结构来扩展转换带宽，同时也能保持转换效率的高平坦度，因此在光网络中有着非常大的优势和良好的发展前景。

1.2 基于光学超晶格的光波长转换技术的发展现状

光学超晶格是一种人工微结构材料[10]，具有优于天然材料的光、电等特性。光学超晶格的基本原理是 1962 年布隆伯根（Bloembergen）等人提出的准相位匹配（Quasi-Phase Matching，QPM）理论[11]，即通过对光学晶体的二阶非线性极化率进行周期性调制，补偿光频率转换过程中色散引起的基波和谐波之间的相位失配，从而获得非线性光学效应的有效增强。但受限于当时的技术水平，该理论在很长的一段时间内没有被实现。直到 20 世纪 80 年代初，南京大学的闵乃本等人率先在晶体生长时，通过控制极化方向成功地生长出周期极化畴反转的晶体，并完成了首次 QPM 的理论验证[12]。此后，利用各种工艺制备光学超晶格的技术发展起来，光学超晶格成为非线性光学领域中被广泛采用的一种晶体材料，主要包括周期极化铌酸锂（PPLN）、周期极化钽酸锂（PPLT）、周期极化磷酸钛氧钾（PPKTP）、准相位匹配砷化镓（QPM GaAs），等等。特别是进入 20 世纪 90 年代后，使用外加电场极化方法大大降低了光学超晶格的制造难度和成本，光学超晶格材料的制备取得了突破性进展[13]。如今，光学超晶格已广泛地应用于光通信、光谱学、量子技术、生物医学检测、太赫兹波等领域[14-17]。

基于光学超晶格的波长转换器与其他波长转换器相比，具有调制格式全透明、响应速度超快、无附加噪声和啁啾等特点[3]，因此受到了国内外专家学者们的重视，并不断得到改进和发展。人们可以利用光学超晶格中的不同二阶非线性效应及不同构型来实现光波长转换，主要包括基于差频发生（Difference Frequency Generation，DFG）效应（简称差频效应）的光波长转换，基于单/双通构型级联二阶非线性二次谐波发生（Second Harmonic Generation，SHG）效应（又称倍频效应）+差频效应的光波长转换，以及基于单/双通构型级联二阶非线性和频发生（Sum Frequency Generation，SFG）效应（简称和频效应）+差频效应的光波长转换。

基于 DFG 效应的光波长转换是最早被实现的，通过使用周期性畴反转的 $LiNbO_3$ 晶体在 1.5μm 的光通信波段中实现了波长转换[18]。随后，美国斯坦福大学的研究者们在 PPLN 器件的制造[19]以及基于 PPLN 的光波长转换技术方面投入了大量研究，并取得一系列研究成果，如使用非线性光参量效应产生了多频率波[20, 21]、研究了脉冲整形和压缩技术[22]、利用级联二阶非线性效应[23]实现光通信波段的波长变换等。Banfi G P 等人用 1.55μm 波段的经掺铒光纤放大器放大的单模激光替换 0.78μm 波段的泵浦光作为新的初始泵浦源，构建了基于 PPLN 波导的级联二阶非线性 SHG 效应+DFG 效应的波长转换器，克服了无法将 0.78μm 光与单模光纤模式耦合的难题[24]。基于单通构型级联二阶非线性 SFG 效应+DFG 效应的光波长转换方案由 Chen Bo 和 Xu Chang Qing 等人提出[25]，此方案可以把要转换的波带放到两个泵浦源的波长之间，通过调节两个泵浦源的波长获得较大的 3dB 转换带宽（约 90nm），相对于基于 SHG 效应+DFG 效应的光波长转换器而言也具有更大的灵活性。

国内有许多课题组在基于光学超晶格波长转换的相关领域内进行了大量的研究工作。闵乃本院士等研究人员利用 Czochralski 提拉法成功研制出 PPLN 晶体[26]，实现了光学超晶格晶体的制造，缩小了我国在光学超晶格领域与其他国家的差距。上海交通大学的陈险峰课题组对外部电场下的电磁波在周期极化晶体中的极化行为进行了分析[27]。姚建铨院士课题组对 PPLN 晶体在非线性频率转换方面的应用进行了大量的探索[28]。华中科技大学的孙军强研究小组对 PPLN 波导在光波长转换器和码型转换等方面的应用进行了系统的研究[29]，首次以实验演示了皮秒脉冲间的基于 SFG 效应+DFG 效应的光波长转换。北京邮电大学的喻松研究小组在国际上首次提出了基于双通构型级联 SFG 效应+DFG 效应的光波长转换方案，并对可调谐波长转换器进行了研制[30]。

上述研究采用的光学超晶格的极化周期结构都是均匀的，相应的光波长转换带宽较小（60nm 左右）。已有研究表明，通过对光学超晶格的极化周期结构进行优化设计，能够在波长转换过程中获得更加平坦的增益或者更大的转换带宽。Tehranchi 等人提出了一种阶梯啁啾光栅结构，并利用这种结构对基于 SFG 效应+DFG 效应的光波长转换器进行了研究[31]，获得了良好的平坦性，但转换带宽仍不大（约 90nm），且没有考虑温度对结构设计的影响。上海交通大学的陈险峰课题组开展了一系列的全光波长转换器的研究，通过设计非周期极化的光学超晶格，获得了高效的可调谐输出光[32]。清华大学的研究组利用分段结构光学超晶格对直接基于 DFG 效应的光波长转换方案进行了理论分析，得到了超过 130nm 的转换带宽[33]。杨昌喜研究组对转换带宽大、转换效率曲线平坦的 PPLN 晶体的结构进行了研究[34]，设计了一种正弦啁啾超晶格结构，在保证 DFG 转换效率曲线的平坦度低至 0.42dB 的前提下，采用这种结构获得了超过 100nm 的转换带宽。华北电力大学的刘涛课题组提出了一种贝塞尔啁啾超晶格结构[3]，当晶体长度为 3cm 时，可以获得 180nm 的转换带宽，同时转换平坦度只有 0.62dB。

从以上研究可以看出，基于光学超晶格的光波长转换方案的可行性和有效性毋庸置疑，方案的技术优势也很明显。对于 WDM 光通信系统，波长转换器需要具有高效、平坦、带宽大的光波长转换性能，这要求实际使用的光学超晶格具有非均匀的极化周期结构。但设计出符合要求的光学超晶格结构较困难，主要原因包括：合理的结构设计方案较少；结构仿真设计的耗时太长，需要引入优化算法；设计出的结构不具有温度稳定性，且对晶体的制造误差缺少一定的容忍度。

针对上述问题，本书将介绍基于光学超晶格的光波长转换技术的概念和基本原理；给出求解耦合波方程的龙格库塔法，以及可用于对光学超晶格的结构进行优化设计的混合遗传算法；介绍多种光学超晶格结构的设计方案及基于这些结构的光波长转换实现方案，分析温度和制造误差对光波长转换性能的影响；最后介绍利用光学超晶格和现有商用探测器实现对长波长单光子进行探测的两种可行性方案。

参考文献

[1] 顾婉仪. WDM 超长距离光传输技术[M]. 北京：北京邮电大学出版社，2006.

[2] ISOE G M，ROTICH E K，BOIYO D K，et al. All-optical wavelength reuse with simultaneous upstream data and PPS timing signal transfer for flexible optical access networks[J]. Journal of Modern Optics，2019，66（10）：1305-1310.

[3] LIU T，DJORDJEVIC I B，SONG Z K，et al. Broadband wavelength converters with flattop responses based on cascaded second-harmonic generation and difference frequency generation in bessel-chirped gratings[J]. Optics Express，2016，24（10）：10946-10955.

[4] MYERS L E，BOSENBERG W R. The development of quasi-phase-matched optical parametric oscillators based on PPLN[C]. Lasers and Electro-Optics，1997.

[5] WANG X Y，FENG X L，HUANG L C，et al. Integrated wavelength conversion for adaptively modulated WDM-OFDM signals in a silicon waveguide[J]. Optics Express，2017，25（25）：31417-31422.

[6] WANG Z L，LIU H J，SUN Q B，et al. All-optical wavelength conversion based on four-wave mixing in dispersion-engineered silicon nanowaveguides[J]. Journal of Rus-

sian Laser Research，2017，38（2）：204-210.

[7] FILION B，NGUYEN A T，RUSCH L A，et al. Postcompensation of nonlinear distortions of 64-QAM signals in a semiconductor-based wavelength converter[J]. Journal of Lightwave Technology，2016，34（9）：2127-2138.

[8] ANJUM O F，GUASONI M，HORAK P，et al. Polarization-insensitive four-wave-mixing based wavelength conversion in few-mode optical fibers[J]. Journal of Lightwave Technology，2018，36（17）：3678-3683.

[9] MURRAY R T，RUNCORN T H，GUHA S，et al. High average power parametric wavelength conversion at 3.31–3.48 μm in MgO：PPLN[J]. Optics Express，2017，25（6）：6421-6430.

[10] 陈海伟，胡小鹏，祝世宁. 光学超晶格：从体块到薄膜[J]. 人工晶体学报，2022，51（9-10）：1527-1534.

[11] ARMSTRONG J A，BLOEMBERGEN N，DUCUING J，et al. Interactions between light waves in a nonlinear dielectric[J]. Physical Review，1962，127：1918-1939.

[12] FENG D，MING N B，HONG J F，et al. Enhancement of second-harmonic generation in $LiNbO_3$ crystals with periodic laminar ferroelectric domains[J]. Applied Physics Letters，1980，37（7）：607-609.

[13] ZHU S N，ZHU Y Y，ZHANG Z Y，et al. $LiTaO_3$ crystal periodically poled by applying an external pulsed field[J]. Journal of Applied Physics，1995，77（10）：5481-5483.

[14] TIAN Y，LIU Y，ZHENG Z W，et al. Joint dispersion engineered thin-film PP-LNOI waveguide for broadband and highly efficient frequency conversion from near-infrared to mid-infrared[J]. European Physical Journal Plus，2022，137（8）：890.

[15] EIGNER C，PADBERG L，SANTANDREA M，et al. Spatially single mode photon pair source at 800 nm in periodically poled Rubidium exchanged KTP waveguides[J]. Optics Express，2020，28（22）：32925-32935.

[16] ISHIZUKI H，TAIRA T. Quasi phase-matched quartz for intense-laser pumped wavelength conversion[J]. Optics Express，2017，25（3）：2369-2377.

[17] 聂鸿坤，宁建，张百涛，等. 光学超晶格中红外光参量振荡器研究进展[J]. 中国激光，2021，48（05）：125-152.

[18] XU C Q，OKAYAMA H，KAWAHARA M. 1.5μm band efficient broadband wavelength conversion by difference frequency generation in a periodically domain-inverted $LiNbO_3$ channel waveguide[J]. Applied Physics Letters，1993，63：3559-3561.

[19] TEHRANCHI A，AHLAWAT M，XU C Q，et al. Novel techniques for guided-wave

wavelength conversion[C]. Opto Electronics and Communications Conference，2011.

[20] VALOVIK D V. Nonlinear multi-frequency electromagnetic wave propagation phenomena[J]. Journal of Optics，2017，19（11）：8986-8992.

[21] KEVREKIDIS P G. Non-linear waves in lattices：past，present，future[J]. IMA Journal of Applied Mathematics，2011，76（3）：389-423.

[22] NISHIYAMA A，NAKAJIMA Y，NAKAGAWA K，et al. Precise and highly-sensitive Doppler-free two-photon absorption dual-comb spectroscopy using pulse shaping and coherent averaging for fluorescence signal detection[J]. Optics Express，2018，26（7）：8957-8967.

[23] KUMAR S，RAGHUWANSHI S K，RAHMAN B M A. Design of universal shift register based on electro-optic effect of $LiNbO_3$ in Mach–Zehnder interferometer for high speed communication[J]. Optical and Quantum Electronics，2015，47（11）：3509-3524.

[24] BANFI G P，DATTA P K，DEGIORGIO V，et al. Wavelength shifting and amplification of optical pulses through cascaded second-order processes in periodically poled lithium niobate[J]. Applied Physics Letters，1998，73（2）：136-138.

[25] CHEN B，XU C Q. Analysis of novel cascaded $\chi^{(2)}$（SFG+DFG）wavelength conversions in quasi-phase-matched waveguides[J]. IEEE Journal of Quantum Electronics，2004，40（3）：256-261.

[26] YU X Q，XU P，XIE Z D ，et al. Transforming spatial entanglement using a domain-engineering technique[J]. Physical Review Letters，2008，101（23）：101-104.

[27] LIU K，CHEN X F. Evolution of the optical polarization in a periodically poled superlattice with an external electric field[J]. Physical Review A，2009，80（6）：063808：1-063808：4.

[28] SHEN J，YU S，GU W Y，et al. Optimum design for 160-Gb/s all-optical time-domain demultiplexing based on cascaded second-order nonlinearities of SHG and DFG[J]. IEEE Journal of Quantum Electronics，2009，45（6）：694-699.

[29] WANG J，SUN J Q，ZHANG X L，et al. All-optical format conversions using periodically poled lithium niobate waveguides[J]. IEEE Journal of Quantum Electronics，2009，45（2）：195-205.

[30] YU S，ZHANG H，SHEN J，et al. A tunable wavelength routing scheme based on the sum-and difference-frequency generation with double pass configuration and its applications[J]. Acta Physica Sinica Chinese Edition，2008，57（2）：909-916.

[31] TEHRANCHI A，MORANDOTTI R，KASHYAP R. Efficient flattop ultra-wideband wavelength converters based on double-pass cascaded sum and difference frequency generation using engineered chirped gratings[J]. Optics Express，2011，19（23）：22528-22534.

[32] DANG W R，CHEN Y P，CHEN X F. Performance enhancement for ultrashort-pulse wavelength conversion by using an aperiodic domain-inverted optical superlattice[J]. IEEE Photonics Technology Letters，2012，24（5）：347-349.

[33] LIU X M，LI Y H. Optimal design of DFG-based wavelength conversion based on hybrid genetic algorithm[J]. Optics Express，2003，11（14）：1677-1688.

[34] GAO S M，YANG C X，JIN G F. Flat broad-band wavelength conversion based on sinusoidally chirped optical super lattices in lithium niobate[J]. IEEE Photonics Technology Letters，2004，16（2）：557-559.

第2章 基于光学超晶格的光波长转换基本原理

本章介绍光学超晶格的原理——准相位匹配理论，各种基于光学超晶格的光波长转换实现方案，用于描述光波长转换过程中光波相互作用的耦合波方程的龙格库塔解法，以及用于对光学超晶格的结构进行优化设计的遗传算法。

2.1 准相位匹配

光学超晶格是实现非线性频率变换的一种重要材料，通过特殊方法对晶体（如 $LiNbO_3$、$LiTaO_3$、$KTiOPO_4$ 等）的二阶非线性系数进行周期性调制，即可得到光学超晶格。光学超晶格中的周期性二阶非线性系数排列可以补偿折射率色散造成的相互作用光波之间的相位失配，从而使非线性频率变换效率得到增强。光学超晶格的基本原理是准相位匹配（QPM）理论[1]，下面对准相位匹配的概念和基本原理进行简要介绍。

非线性频率变换是非线性光学中的一个重要内容。根据非线性极化率的阶数，非线性光学效应可以分为二阶非线性光学效应、三阶非线性光学效应……利用二阶非线性效应来产生新频率是效率最高的方法。为了使非线性频率变换有更高的转换效率，除了要求材料具有内在的二阶非线性极化率 $\chi^{(2)}$ 外，还必须要求相互作用光波的相速度匹配，以保证入射光波的能量单向变换到转换光波上。但是非线性材料内在的色散，使折射率对波长存在依赖：$n=n(\lambda)$（可等价为波矢 k 对光频率的依赖：k=$k(\omega)$），造成光波相互作用一般不能满足相速度匹配条件。为此，可以采用双折射相位匹配（Birefringent Phase Matching，BPM）和 QPM 两种技术来解决相互作用光波间的相位失配问题，从而提高非线性相互作用的效率。

BPM 技术是利用非线性晶体的双折射效应和色散特性，通过改变参与作用的基频光和谐频光的入射角或温度，以此调节它们在晶体中的传播常数来满足相位匹配条件。BPM 由于在光波矢方向和偏振方向上具有一定的局限性，因此只能在特定的晶体上完成一些特定波长的相位匹配，限制了其应用范围。为了解决这一问题，1962 年，Bloembergen 等人提出了 QPM 理论。下面以倍频过程为例，对 QPM 进行说明。

设基频光的角频率为 ω，则倍频光的角频率为 2ω。频率不同，基频光和倍频光有不同的相速度，其波矢失配如下。

$$\Delta k = k_{2\omega} - k_{\omega} = 2\frac{\omega}{c}(n_{2\omega} - n_{\omega}) \tag{2-1}$$

定义相干长度如下。

$$L_{\mathrm{c}} = \frac{\pi}{\Delta k} = \frac{\pi c}{2\omega(n_{2\omega} - n_{\omega})} = \frac{\lambda_{\omega}}{4(n_{2\omega} - n_{\omega})} \tag{2-2}$$

由于 $n_{2\omega} \neq n_{\omega}$，因此式（2-1）计算得到的 $\Delta k \neq 0$，即相位不匹配，这将导致倍频光功率在传输方向（x 轴）上以 $2L_{\mathrm{c}}$ 为周期交替变化。在 $0<x\leqslant L_{\mathrm{c}}$ 的范围，倍频光功率处于增长阶段；随后在 $L_{\mathrm{c}}<x\leqslant 2L_{\mathrm{c}}$ 的范围，倍频光功率处于下降阶段；以此规律交替变化。

QPM 是通过人为设计晶体的周期调制结构来补偿频率变换中基频光和倍频光色散引起的相位差。基于 QPM 原理的材料被称为光学超晶格。当光波在光学超晶格中相互作用时，超晶格倒格矢要参与波矢守恒，利用此原理就可以实现准相位匹配。通常人们用超晶格倒格矢来描述超晶格，其方向垂直于片畴，大小 $g_m = 2\pi m/(a+b)$，其中 a、b 分别是正、负畴的厚度；m 为整数（通常取 1）；$2\pi/(a+b)$称为倒格矢；定义 $\Lambda=a+b$，称为超晶格的周期。图 2-1 所示是一个简单的光学超晶格结构示意，一般晶体沿 z 轴方向极化，x 轴方向为通光方向。图中的上、下箭头代表畴的两个不同的自发极化矢量的取向，Λ 为超晶格的周期，也被称为极化周期。由于相邻两个畴的自发极化矢量相反，这等价于第二个畴的坐标系绕 x 轴旋转了 180°，因此与奇数阶张量相联系的物理性质，如非线性光学系数、电光系数、压电系数等物理量将变号。通过调节超晶格的倒格矢，即调节超晶格的周期 Λ，可以弥补折射率色散引起的波矢失配，这就是 QPM。

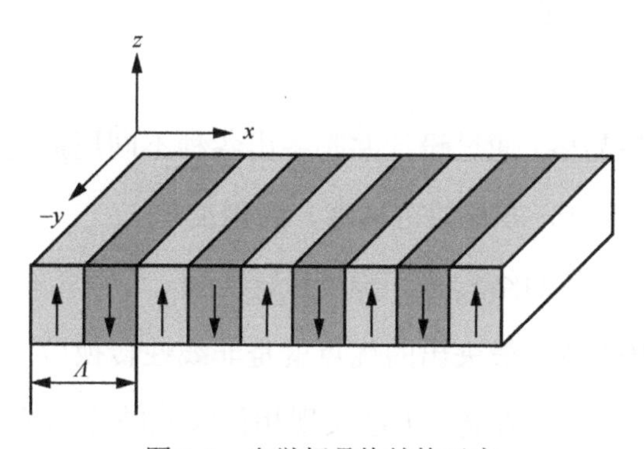

图 2-1　光学超晶格结构示意

根据 QPM 原理，当在光学超晶格中发生倍频时，超晶格的倒格矢参与波矢守恒，此时式（2-1）变为以下形式。

$$\Delta k = k_{2\omega} - k_{\omega} - k_m = 2\frac{\omega}{c}\left(n_{2\omega} - n_{\omega} - \frac{1}{\Lambda}\right) \tag{2-3}$$

从式（2-3）可以明显看出，调节超晶格的周期 Λ 可令 $\Delta k=0$，即补偿了折射率色散引起的波矢失配。

与 BPM 相比，QPM 没有关于光波波矢方向和偏振方向的限制，可根据条件选择合适的周期来实现相位匹配。QPM 的主要特点可概括为以下 5 个方面。

① 晶体的双折射效应不会影响到 QPM 技术，只要偏振方向沿同一晶轴方向传播，就可以避免产生走离效应。没有走离效应就降低了对入射角的要求，同时基波和谐波及其相互作用产生的光波也能够严格控制在非线性晶体中，可以得到相对较大的转换效率。

② 传统的 BPM 有时无法使用较大的非线性系数，而 QPM 不再要求正交光束，可利用较大的非线性系数，能够充分增强非线性效应。

③ QPM 只要选择合适的周期就能够在任何工作点解决非临界相位失配，而 BPM 的非临界相位匹配仅可能在少数偶然的工作点上出现。非临界相位匹配的好处在于降低了对基波光束发散角和晶体调整角的要求，且频率变换效率更高。

④ 对于光学超晶格，通过设计并制备出各种不同周期的畴反转，随后调节晶体温度就能实现输出光波长的可调谐，应用简单。

⑤ QPM 是通过周期结构来引导能量转换的，与材料的内在特性无关。

综上所述，QPM 技术最突出的优点就是非线性转换效率高，拓宽了非线性晶体的应用，可以使一般情况下无法实现相位匹配的晶体或光波段实现频率变换，增加了调谐方式。随着光学超晶格制造技术的进步，如外电场极化法的使用，大大降低了光学超晶格的制作难度和成本，提高了光学超晶格的质量和长度，从而使 QPM 技术得到了迅速的发展。

在此指出，如无特殊说明，本书后续内容中研究使用的光学超晶格材料均为 PPLN。

2.2　基于差频效应的光波长转换原理及实现方案

光学超晶格中的二阶非线性效应主要包括 SHG 效应、DFG 效应、SFG 效应及光参量转换等，其中在光通信中用于实现波长转换的效应主要是 SHG 效应、DFG 效应和 SFG 效应。下面分别对基于这些效应的光波长转换原理及实现方案进行介绍。

最早基于光学超晶格的波长转换是直接利用 DFG 效应来实现的，图 2-2 描述了基于 DFG 效应的光波长转换过程。首先假设从光学超晶格的左侧同时注入一束强泵浦光（频率为 ω_p）与一束较弱的信号光（频率为 ω_s），随后它们在沿 x 轴正方向传输的过程中发生 DFG 效应，生成频率为 $\omega_c=\omega_p-\omega_s$ 的转换光（也叫差频光）。差频光 ω_c 携带信号光 ω_s 的全部信息，包括幅值、光强、频率等[2]。

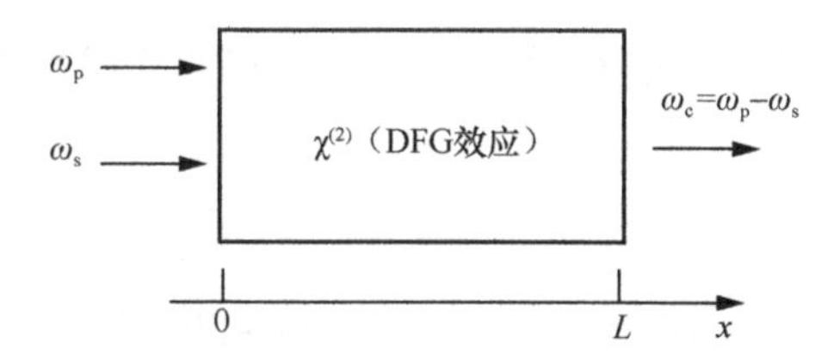

图 2-2　基于 DFG 效应的光波长转换过程

沿着入射光的传播方向对超晶格的周期 Λ 进行优化配置能够补偿入射的信号光、泵浦光和生成的差频光之间的相位失配。DFG 过程的相位失配因子 Δk_{DF} 定义如下。

$$\Delta k_{DF} = k_p - k_s - k_c - k_m = 2\pi\left(\frac{n_p}{\lambda_p} - \frac{n_s}{\lambda_s} - \frac{n_c}{\lambda_c} - \frac{1}{\Lambda}\right) \tag{2-4}$$

式中，下标 p、s 和 c 分别代表泵浦光、信号光和差频光，n 代表折射率，λ 代表波长，下标 DF 表示差频效应。

相位失配越小，DFG 过程的转换效率越高。假定泵浦光和信号光的波长已经给定，那么根据式（2-4）就可以确定超晶格的周期，使相位失配为零。当泵浦光和信号光都为准连续的平面光时，DFG 过程可用以下稳态耦合波方程来描述。

$$\frac{\partial E_s}{\partial x}=-\mathrm{i}\omega_s\kappa_{DF}E_cE_p\exp(-\mathrm{i}\Delta k_{DF}x)-\frac{\alpha_s}{2}E_s \tag{2-5a}$$

$$\frac{\partial E_c}{\partial x}=-\mathrm{i}\omega_c\kappa_{DF}E_sE_p\exp(-\mathrm{i}\Delta k_{DF}x)-\frac{\alpha_c}{2}E_c \tag{2-5b}$$

$$\frac{\partial E_p}{\partial x}=-\mathrm{i}\omega_p\kappa_{DF}E_sE_c\exp(\mathrm{i}\Delta k_{DF}x)-\frac{\alpha_p}{2}E_p \tag{2-5c}$$

式中，E 是场分布，α 是传输损耗，κ_{DF} 是 DFG 过程的耦合系数。$\kappa_{DF}=d_{eff}\sqrt{\frac{2\mu_0}{cS_{DF}N_sN_cN_p}}$，其中 c 是真空中的光速，μ_0 是真空磁导率，n 为折射率，S_{DF} 和 d_{eff} 分别表示 DFG 过程中的有效作用面积和有效非线性系数。对于 PPLN 晶体来说，

$$d_{eff}=\frac{2}{\pi}d_{33}\approx\frac{2}{\pi}\times 27=17.2\mathrm{pm/V} \tag{2-6}$$

S_{DF}、SHG 过程中的有效作用面积 S_{SH} 和 SFG 过程中的有效作用面积 S_{SF} 对非线性过程的效率影响很大，为了提高转换效率，需要尽量扩大相互作用光波间的重叠。在仿真分析过程中，可以取 $S_{DF}\approx S_{SH}\approx S_{SF}=47\mu\mathrm{m}^2$。

通过求解耦合波方程（2-5），即可得到差频光的场分布 E_c。

2.3 基于级联倍频效应+差频效应的光波长转换原理及实现方案

直接基于 DFG 效应的光波长转换简单易实现，但是由于信号光和转换光需

要在光纤通信波段内传输，即它们的波长必须在1.5μm 波段（光纤通信中最常用波段），因此泵浦光的波长不得不位于 780nm 波段。而一般光学超晶格只能支持1.5μm 波段的 TM_{00} 模，这造成 780nm 波段的泵浦光入射超晶格会激发出许多高阶模，损失很多泵浦光功率。为了避免 780nm 波段泵浦光的入射损失，人们希望能令所有的入射光都位于1.5μm 波段，这可以通过在 DFG 过程前级联另一个二阶非线性过程来完成。

将泵浦光波长从1.5μm 波段转换到 780nm 波段有两个选择，一个为 SHG 过程，另一个为 SFG 过程。级联二阶非线性光波长转换因此也有两种方案，一种是基于级联 SHG 效应+DFG 效应[3]，另一种是基于级联 SFG 效应+DFG 效应[4]。此外，根据倍频光或和频光在超晶格中的传播次数，每一种方案都有单通和双通两种构型[5]。下面首先介绍基于级联 SHG 效应+DFG 效应的光波长转换原理及实现方案。

1．单通构型

在单通构型级联 SHG 效应+DFG 效应的光波长转换过程中，假设信号光 ω_s 和泵浦光 ω_p 从光学超晶格的左端入射后，沿着 x 轴正方向传输，泵浦光首先通过 SHG 过程转换成频率为 $2\omega_p$（即 ω_{SH}）的倍频光，随后再与信号光发生差频，产生频率 $\omega_c = 2\omega_p - \omega_s$ 的转换光。图 2-3 所示为基于单通构型级联 SHG 效应+DFG 效应的光波长转换过程。

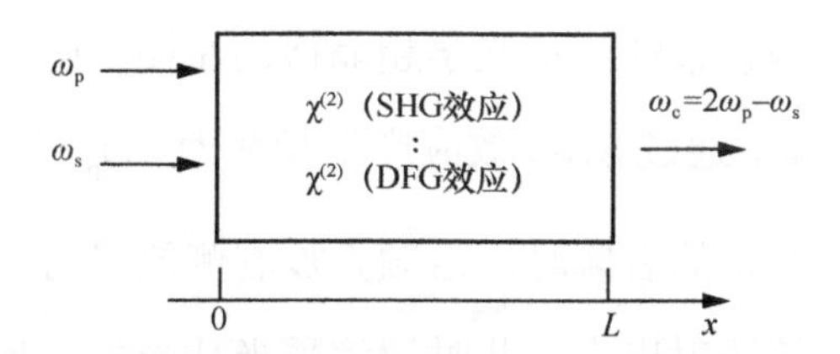

图 2-3　基于单通构型级联 SHG 效应+DFG 效应的光波长转换过程

上述过程可以用下面的耦合波方程来描述。

$$\frac{\partial E_{\mathrm{p}}}{\partial x}=-\mathrm{i}\omega_{\mathrm{p}}\kappa_{\mathrm{SH}}E_{\mathrm{p}}^{*}E_{\mathrm{SH}}\exp(\mathrm{i}\Delta k_{\mathrm{SH}}x)-\frac{\alpha_{\mathrm{p}}}{2}E_{\mathrm{p}} \tag{2-7a}$$

$$\frac{\partial E_{\mathrm{s}}}{\partial x}=-\mathrm{i}\omega_{\mathrm{s}}\kappa_{\mathrm{DF}}E_{\mathrm{c}}^{*}E_{\mathrm{p}}\exp(-\mathrm{i}\Delta k_{\mathrm{DF}}x)-\frac{\alpha_{\mathrm{s}}}{2}E_{\mathrm{s}} \tag{2-7b}$$

$$\frac{\partial E_{\mathrm{c}}}{\partial x}=-\mathrm{i}\omega_{\mathrm{c}}\kappa_{\mathrm{DF}}E_{\mathrm{s}}^{*}E_{\mathrm{SH}}\exp(-\mathrm{i}\Delta k_{\mathrm{DF}}x)-\frac{\alpha_{\mathrm{c}}}{2}E_{\mathrm{c}} \tag{2-7c}$$

$$\frac{\partial E_{\mathrm{SH}}}{\partial x}=-\mathrm{i}\omega_{\mathrm{p}}\kappa_{\mathrm{SH}}E_{\mathrm{p}}^{2}\exp(\mathrm{i}\Delta k_{\mathrm{SH}}x)-\mathrm{i}\omega_{\mathrm{SH}}\kappa_{\mathrm{DF}}E_{\mathrm{s}}E_{\mathrm{c}}\exp(\mathrm{i}\Delta k_{\mathrm{DF}}x)-\frac{\alpha_{\mathrm{SH}}}{2}E_{\mathrm{SH}} \tag{2-7d}$$

式中，κ_{SH}是倍频过程的耦合系数，定义如下。

$$\kappa_{\mathrm{SH}}=d_{\mathrm{eff}}\sqrt{\frac{2\mu_{0}}{cS_{\mathrm{SH}}n_{\mathrm{p}}^{2}n_{\mathrm{SH}}}} \tag{2-8}$$

Δk_{SH}和Δk_{DF}分别是倍频过程和差频过程的相位失配因子，定义如下。

$$\Delta k_{\mathrm{SH}}=k_{\mathrm{SH}}-2k_{\mathrm{p}}-k_{m}=2\pi\left(\frac{n_{\mathrm{SH}}}{\lambda_{\mathrm{SH}}}-2\frac{n_{\mathrm{p}}}{\lambda_{\mathrm{p}}}-\frac{1}{\Lambda}\right) \tag{2-9a}$$

$$\Delta k_{\mathrm{DF}}=k_{\mathrm{SH}}-k_{\mathrm{s}}-k_{\mathrm{c}}-k_{m}=2\pi\left(\frac{n_{\mathrm{SH}}}{\lambda_{\mathrm{SH}}}-\frac{n_{\mathrm{s}}}{\lambda_{\mathrm{s}}}-\frac{n_{\mathrm{c}}}{\lambda_{\mathrm{c}}}-\frac{1}{\Lambda}\right) \tag{2-9b}$$

2. 双通构型

在双通构型中，假设泵浦光从光学超晶格的左侧入射，随后向前（x 轴正方向）传输，传输过程中通过 SHG 效应产生频率为 $2\omega_{\mathrm{p}}$ 的倍频光。当泵浦光和倍频光传输到光学超晶格的右侧时，倍频光被右侧放置的双色镜反射，而泵浦光不受双色镜作用直接透射出去。此时让信号光从光学超晶格的右侧入射，反射的倍频光将与从右侧入射的信号光一起沿x轴负方向传输，并受到DFG作用，产生频率 $\omega_{\mathrm{c}}=2\omega_{\mathrm{p}}-\omega_{\mathrm{s}}$ 的转换光。在上述过程中，倍频光在光学超晶格中传输了两次，因此被称为双通构型。图 2-4 所示为基于双通构型级联 SHG 效应+DFG 效应的光波长转换过程。

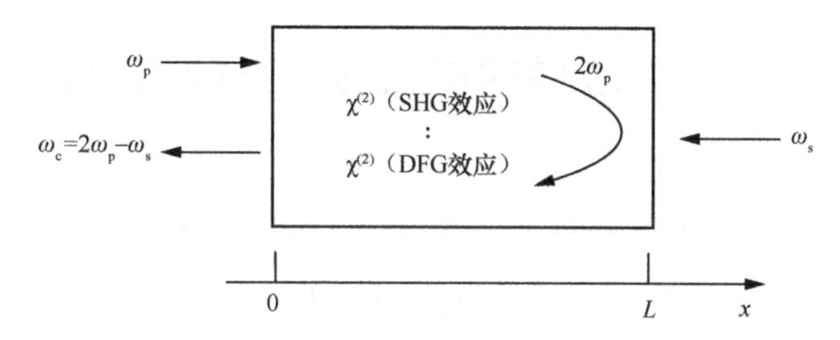

图 2-4　基于双通构型级联 SHG 效应+DFG 效应的光波长转换过程

在双通构型级联 SHG 效应+DFG 效应的光波长转换中，虽然倍频光在光学超晶格中传输了两次，但 SHG 过程只发生在前向传输中，DFG 过程只发生在反向传输中，因此 SHG 过程和 DFG 过程是可以分开考虑的。前向传输 SHG 过程的耦合波方程如下。

$$\frac{\partial E_{\mathrm{p}}}{\partial x}=-\mathrm{i}\omega_{\mathrm{p}}\kappa_{\mathrm{SH}}E_{\mathrm{p}}^{*}E_{\mathrm{SH}}\exp(\mathrm{i}\Delta k_{\mathrm{SH}}x)-\frac{\alpha_{\mathrm{p}}}{2}E_{\mathrm{p}} \tag{2-10a}$$

$$\frac{\partial E_{\mathrm{SH}}}{\partial x}=-\mathrm{i}\omega_{\mathrm{p}}\kappa_{\mathrm{SH}}E_{\mathrm{p}}^{2}\exp(\mathrm{i}\Delta k_{\mathrm{SH}}x)-\frac{\alpha_{\mathrm{SH}}}{2}E_{\mathrm{SH}} \tag{2-10b}$$

反向传输 DFG 过程的耦合波方程如下。

$$\frac{\partial E_{\mathrm{s}}}{\partial x'}=-\mathrm{i}\omega_{\mathrm{s}}\kappa_{\mathrm{DF}}E_{\mathrm{c}}^{*}E_{\mathrm{SH}}\exp(-\mathrm{i}\Delta k_{\mathrm{DF}}x')-\frac{\alpha_{\mathrm{s}}}{2}E_{\mathrm{s}} \tag{2-11a}$$

$$\frac{\partial E_{\mathrm{c}}}{\partial x'}=-\mathrm{i}\omega_{\mathrm{c}}\kappa_{\mathrm{DF}}E_{\mathrm{s}}^{*}E_{\mathrm{SH}}\exp(-\mathrm{i}\Delta k_{\mathrm{DF}}x')-\frac{\alpha_{\mathrm{c}}}{2}E_{\mathrm{c}} \tag{2-11b}$$

$$\frac{\partial E_{\mathrm{SH}}}{\partial x'}=-\mathrm{i}\omega_{\mathrm{SH}}\kappa_{\mathrm{DF}}E_{\mathrm{s}}E_{\mathrm{c}}\exp(\mathrm{i}\Delta k_{\mathrm{DF}}x')-\frac{\alpha_{\mathrm{SH}}}{2}E_{\mathrm{SH}} \tag{2-11c}$$

在式（2-11）中，$x'=L-x$。

通过求解耦合波方程（2-7），以及耦合波方程（2-10）和（2-11），即可分别得到单通构型级联 SHG 效应+DFG 效应光波长转换和双通构型级联 SHG 效应+DFG 效应光波长转换生成的转换光的场分布 E_c。

2.4 基于级联和频效应+差频效应的光波长转换原理及实现方案

与单通/双通构型级联 SHG 效应+DFG 效应光波长转换过程类似，基于级联 SFG 效应+DFG 效应的光波长转换也有单通和双通两种构型。

1. 单通构型

在单通构型级联 SFG 效应+DFG 效应光波长转换过程中，SFG 过程和 DFG 过程是同时进行的，和频光在产生后即与信号光发生差频效应。

图 2-5 所示为基于单通构型级联 SFG 效应+DFG 效应的光波长转换过程。首先，泵浦光 ω_{p1} 和泵浦光 ω_{p2} 与信号光 ω_s 一同从光学超晶格左侧入射；然后，两束泵浦光发生和频作用，生成频率 $\omega_{SF}=\omega_{p1}+\omega_{p2}$ 的和频光；最后，新生成的和频光与信号光发生差频作用，产生频率 $\omega_c=\omega_{SF}-\omega_s$ 的转换光。

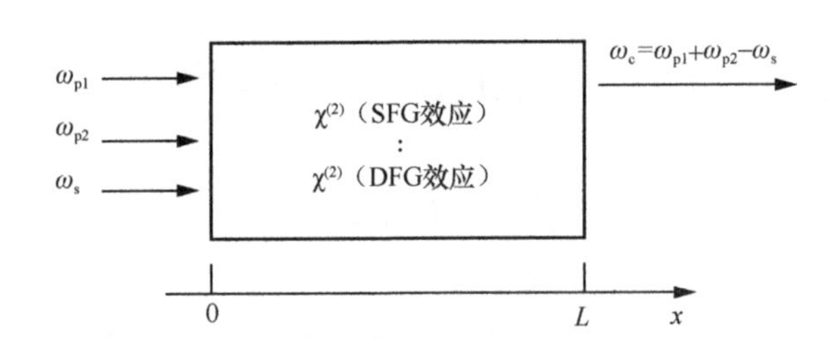

图 2-5 基于单通构型级联 SFG 效应+DFG 效应的光波长转换过程

上述过程可用以下耦合波方程表示。

$$\frac{\partial E_{p1}}{\partial x}=-\mathrm{i}\omega_{p1}\kappa_{SF}E_{p2}^{*}E_{SF}\exp(-\mathrm{i}\Delta k_{SF}x)-\frac{\alpha_{p1}}{2}E_{p1} \tag{2-12a}$$

$$\frac{\partial E_{p2}}{\partial x}=-\mathrm{i}\omega_{p2}\kappa_{SF}E_{p1}^{*}E_{SF}\exp(-\mathrm{i}\Delta k_{SF}x)-\frac{\alpha_{p2}}{2}E_{p2} \tag{2-12b}$$

$$\frac{\partial E_{s}}{\partial x}=-\mathrm{i}\omega_{s}\kappa_{DF}E_{c}^{*}E_{SF}\exp(-\mathrm{i}\Delta k_{DF}x)-\frac{\alpha_{s}}{2}E_{s} \tag{2-12c}$$

$$\frac{\partial E_{c}}{\partial x}=-\mathrm{i}\omega_{c}\kappa_{DF}E_{s}^{*}E_{SF}\exp(-\mathrm{i}\Delta k_{DF}x)-\frac{\alpha_{c}}{2}E_{c} \tag{2-12d}$$

$$\frac{\partial E_{SF}}{\partial x}=-\mathrm{i}\omega_{SF}\kappa_{SF}E_{p1}E_{p2}\exp(\mathrm{i}\Delta k_{SF}x)-\mathrm{i}\omega_{SF}\kappa_{DF}E_{s}E_{c}\exp(\mathrm{i}\Delta k_{DF}x)-\frac{\alpha_{SF}}{2}E_{SF} \tag{2-12e}$$

式中，κ_{SF} 和 κ_{DF} 分别是 SFG 过程及 DFG 过程的耦合系数，定义如下。

$$\kappa_{SF}=d_{eff}\sqrt{\frac{2\mu_{0}}{cS_{SF}n_{p1}n_{p2}n_{SF}}} \tag{2-13}$$

$$\kappa_{DF}=d_{eff}\sqrt{\frac{2\mu_{0}}{cS_{DF}n_{s}n_{c}n_{SF}}} \tag{2-14}$$

Δk_{SF} 和 Δk_{DF} 分别是 SFG 过程和 DFG 过程的相位失配因子，定义如下。

$$\Delta k_{SF}=k_{SF}-k_{p1}-k_{p2}-k_{m}=2\pi\left(\frac{n_{SF}}{\lambda_{SF}}-\frac{n_{p1}}{\lambda_{p1}}-\frac{n_{p2}}{\lambda_{p2}}-\frac{1}{\Lambda}\right) \tag{2-15a}$$

$$\Delta k_{DF}=k_{SF}-k_{s}-k_{c}-k_{m}=2\pi\left(\frac{n_{SF}}{\lambda_{SF}}-\frac{n_{s}}{\lambda_{s}}-\frac{n_{c}}{\lambda_{c}}-\frac{1}{\Lambda}\right) \tag{2-15b}$$

为了使 SFG 过程相位匹配，一般情况下先将两束泵浦光的波长固定，然后通过调节光学超晶格晶体的温度来实现相位匹配。而实际上，两个泵浦光、信号光以及转换光都在 1.55μm 波段，$n_{p1}/\lambda_{p1}+n_{p2}/\lambda_{p2}$ 和 $n_{s}/\lambda_{s}+n_{c}/\lambda_{c}$ 的差别不大，那么如果 SFG 过程中的相位失配 $\Delta k_{SF}=0$，就可以认为 $\Delta k_{DF}\approx\Delta k_{SF}=0$。换句话说，如果 SFG 过程能够相位匹配，那么 DFG 过程也可以看作是相位匹配的，这也是基于 SFG 效应+DFG 效应的光波长转换器具有很高的转换效率和很大的转换带宽的原因。

2．双通构型

在双通构型中，泵浦光 ω_{p1}、ω_{p2} 与信号光 ω_s 分别从光学超晶格的两侧入射，SFG 过程与 DFG 过程分别发生在前向（x 轴正方向）传输与反向（x 轴负方向）传输中，这两个过程是独立发生的。双通构型级联 SFG 效应+DFG 效应光波长转换的工作原理与双通构型级联 SHG 效应+DFG 效应光波长转换的工作原理类似，区别只是双通构型级联 SFG 效应+DFG 效应在前向传输过程中发生的是 ω_{p1} 与 ω_{p2} 两束泵浦光的 SFG 过程，产生的是频率 $\omega_{SF}=\omega_{p1}+\omega_{p2}$ 的和频光。双通构型级联 SFG 效应+DFG 效应的光波长转换过程可参考图 2-4。与单通构型级联 SFG 效应+DFG 效应光波长转换相比，双通构型级联 SFG 效应+DFG 效应光波长转换过程中的和频光在光学超晶格中沿着前向和反向共传输了两次，充分地利用了晶体长度，因此得到了更高的转换效率。

由于双通构型下的 SFG 过程和 DFG 过程是相互独立的，分别发生在前向传输和后向传输，因此可以分别对 SFG 过程和 DFG 过程进行考虑。在前向传输中，SFG 过程可以用以下耦合波方程表示。

$$\frac{\partial E_{p1}}{\partial x}=-i\omega_{p1}\kappa_{SF}E_{p2}E_{SF}\exp(-i\Delta k_{SF}x)-\frac{\alpha_{p1}}{2}E_{p1} \tag{2-16a}$$

$$\frac{\partial E_{p2}}{\partial x}=-i\omega_{p2}\kappa_{SF}E_{p1}E_{SF}\exp(-i\Delta k_{SF}x)-\frac{\alpha_{p2}}{2}E_{p2} \tag{2-16b}$$

$$\frac{\partial E_{SF}}{\partial x}=-i\omega_{SF}\kappa_{SF}E_{p1}E_{p2}\exp(i\Delta k_{SF}x)-\frac{\alpha_{SF}}{2}E_{SF} \tag{2-16c}$$

式中，下标 p1、p2、s、SF、c 分布代表泵浦光 1、泵浦光 2、信号光、和频光和转换光。

在 $x=L$ 处（超晶格右侧），和频光被双色镜反射，随后与此处入射的信号光一起反向传输，通过 DFG 效应生成转换光。DFG 过程可以用以下耦合波方程表示。

$$\frac{\partial E_s}{\partial x'}=-i\omega_s\kappa_{DF}E_{SF}E_c\exp(-i\Delta k_{DF}x')-\frac{\alpha_s}{2}E_s \tag{2-17a}$$

$$\frac{\partial E_c}{\partial x'} = -i\omega_c \kappa_{DF} E_{SF} E_s \exp(-i\Delta k_{DF} x') - \frac{\alpha_c}{2} E_c \tag{2-17b}$$

$$\frac{\partial E_{SF}}{\partial x'} = -i\omega_{SF} \kappa_{DF} E_s E_c \exp(i\Delta k_{DF} x') - \frac{\alpha_{SF}}{2} E_{SF} \tag{2-17c}$$

在式（2-17）中，$x' = L - x$。

基于级联 SFG 效应+DFG 效应的光波长转换器与基于级联 SHG 效应+DFG 效应的光波长转换器相比，使用的泵浦光变为两个，因此增加了波长调谐的灵活性，降低了对单个泵浦光源的功率要求。

通过求解耦合波方程（2-12），以及耦合波方程（2-16）和（2-17），就可以分别得到单通构型级联 SFG 效应+DFG 效应光波长转换和双通构型级联 SFG 效应+DFG 效应光波长转换生成的转换光的场分布 E_c。

2.5　耦合波方程的龙格库塔解法

不管是基于光学超晶格的哪种光波长转换方案，都需要利用耦合波方程来描述光波长转换时各个光波所发生的相互作用，因此对耦合波方程进行求解是设计光波长转换器和分析光波长转换性能必不可少的步骤。由于耦合波方程是由多个偏微分方程组成的，因此可以采用高精度的龙格库塔法对其进行求解。本节将介绍使用龙格库塔法求解光波长转换过程的耦合波方程的基本思想。

2.5.1　龙格库塔法简介

对复杂的函数表达式进行求解时，一般会利用泰勒公式展开并求出各级导数，再在层层运算中得到最终解。为了找到更好的计算方法，数学家卡尔·龙格和马丁·威尔海姆·库塔提出了龙格库塔法[6]。该方法利用复合函数完成求导，以此来代替泰勒展开中直接对函数求各阶导数的冗杂计算。

龙格库塔法在工程上被普遍使用，它是一种高精度单步算法。龙格库塔法引入了差错控制的方法，因而具有较高的可靠性和准确性。龙格库塔法的基本思想是通过间接地运用泰勒公式，在若干个待定点上确定函数值和导数值的线性公式，并确定适合的系数，使该公式在进行泰勒展开后，可以与 $y(x_{i+1})$的展开式有较多的一致项。

假设方程如下。

$$\frac{\mathrm{d}y}{\mathrm{d}x}=f(x,y) \tag{2-18}$$

$$y_{i+1}=y_i+\sum_{j=1}^{n}a_jk_j \tag{2-19}$$

式中，$k_j=hf(x_i+p_{j-1}h,y_i+\sum_{l=1}^{j-1}q_{j-1,l}k_l)$，$(j=1,2,\cdots,n)$，并且令$j$=1 时，$\sum_{l=1}^{j-1}q_{j-1,l}k_l=0$，$p_0=0$。为了得到 y 值，需要先假定 a、p、q 的值，然后再利用式（2-19）计算得到。a、p、q 的选值原则为：通过将式（2-19）等效于某个指定的泰勒级数展开，然后使 y_{i+1} 的展开表达式与微分方程的解 $y(x_{i+1})$在（x_i,y_i）处的泰勒展开式有尽可能多的项相重合，以减小局部截断误差。

下面以一阶拉格朗日中值定理为例，进一步说明龙格库塔法的基本思路。对于以下微分方程，

$$\begin{cases}y'=f(x,y)\\y_{i+1}=y_i+h*K_1\\K_1=f(x_i,y_i)\end{cases} \tag{2-20}$$

计算 y_{i+1} 时需要计算一次 K_1，具有一阶精度。其中 K_1 表示斜率。

通过计算点 x_i 和右端点 x_{i+1} 的斜率近似值 K_1、K_2 的算术平均值，可以得到平均斜率。将平均斜率代入式（2-20）中的 K_1，得到改进之后的二阶拉格朗日中值定理为以下形式。

$$\begin{cases} y_{i+1} = y_i + \left[h^*(K_1 + K_2)/2\right] \\ K_1 = f(x_i, y_i) \\ K_2 = f[x_i + h, y_i + h^* K_1] \end{cases} \tag{2-21}$$

在式（2-21）中，计算 y_{i+1} 时需要计算两个斜率 K_1 和 K_2，因此具有二阶精度。

同理，假如在 x_i 和其右端点 x_{i+1} 之间采集多个点上的斜率 $K_1, K_2, \cdots, K_m$，将多个斜率的加权平均值作为 K^*的近似值，就能得到精度更高的高阶计算公式[6]。在工程领域广泛应用的四阶龙格库塔法可以根据二阶、三阶的情况推导得出，其具有四阶精度。

2.5.2　四阶龙格库塔法

在各种龙格库塔法中，四阶龙格库塔法最为常用，因此也被称为经典龙格库塔法，或者 RK4。在函数导数和初值信息为已知的情况下，通过使用 RK4 来减小仿真分析过程中求解微分方程的复杂度。四阶龙格库塔法的基本原理和方法如下。

将初值问题表述为以下形式。

$$\frac{\mathrm{d}y}{\mathrm{d}x} = f(x, y),\ \ y(x_0) = y_0 \tag{2-22}$$

式中，$y(x)$ 的各阶导数存在且连续，则对于该问题的 RK4 由以下方程给出。

$$y_{n+1} = y_n + \frac{h}{6}(k_1 + 2k_2 + 2k_3 + k_4) \tag{2-23}$$

式中

$$k_1 = f(x_n + y_n) \tag{2-24}$$

$$k_2 = f\left(x_n + \frac{h}{2}, y_n + \frac{h}{2}k_1\right) \tag{2-25}$$

$$k_3 = f\left(x_n + \frac{h}{2}, y_n + \frac{h}{2}k_2\right) \tag{2-26}$$

$$k_4 = f(x_n + h, y_n + hk_3) \tag{2-27}$$

式（2-23）～式（2-27）就是四阶龙格库塔法的计算公式，其中，h 为步长，k_1、k_2、k_3、k_4 为第 n 点的斜率。利用式（2-23）～式（2-27）及 y 在第 n 点的函数值，就可以计算得到第 n+1 点的函数值。

作为求解微分方程的常用方法，龙格库塔法通过利用已知方程式和初值，经过多步计算就可以求出方程式的最终近似解。它具有计算精度高、稳定性好和容易编程等优点，但是同时也存在着计算过程比较复杂的缺点。比如在四阶龙格库塔法中，每一步运算都需要计算 4 次 $f(x+y)$ 函数和 1 次 y_{n+1} 函数，然后将计算出的结果作为初值，代入下一步的多个函数计算中。因此，当步数较多且微分方程也较多（如单通构型级联 SFG 效应+DFG 效应光波长转换有 5 个微分方程）时，每步之间频繁的迭代会异常的烦琐，从而影响仿真分析的有效性。

利用四阶龙格库塔法求解各个光波长转换方案中的耦合波方程的思路如下。

令 $\frac{\mathrm{d}y}{\mathrm{d}x} = f(x, y)$ 为光波长转换过程中的一个耦合波方程，其中 y=E_i（i 表示泵浦光、信号光、倍频光等），x 为每一步计算对应的起始点的横坐标，h 为计算步长（即每步计算时晶体长度的增加值）。因为在光波长转换过程中，各光波的初始场强（即 E）已知，所以利用上述的四阶龙格库塔法并通过多步计算后，得到发生二阶非线性相互作用后的最终所有的输出场强。

2.6 遗传算法在光学超晶格结构设计中的应用

传统的光学超晶格只有一个均匀的极化周期，其值可以通过令 SHG 过程、DFG 过程或 SFG 过程的相位失配因子为 0 计算得到。此时，SHG 过程、DFG

过程或 SFG 过程因为满足相位匹配条件，所以可以获得最大的转换效率，但转换带宽却较小，转换效率曲线的平坦度也较差。通过对光学超晶格的极化周期结构进行设计，采用非均匀极化周期的结构可以在牺牲一小部分转换效率的前提下，扩展转换带宽，同时也能改善转换效率曲线的平坦度。但是，利用数值仿真方法寻找性能优异的结构参数一般需要耗费很长的时间，且结构越复杂，耗时越长，这对于实际的光波长转换器的优化设计十分不利。为了有效缩短光学超晶格的结构设计时间，可以在求解耦合波方程时引入寻找最优极化周期分布的优化算法。本节以遗传算法为例，介绍如何利用优化算法对光学超晶格的结构进行设计。下面分别对遗传算法的特点、基本术语、寻优过程、改进及如何利用遗传算法完成光学超晶格结构的优化设计进行介绍。

2.6.1　遗传算法的特点

遗传算法（GA）[7]是由美国密歇根大学的约翰·霍兰（John Holland）教授于 20 世纪 70 年代提出的一种借鉴生物界自然选择和自然遗传机制的随机搜索算法。它的思想来源于达尔文的进化论，它是基于进化论和遗传学机理的搜索算法。GA 以种群中的所有个体作为操作对象，并利用随机技术对编码的参数空间进行高效的搜索，以较大的概率求得最终的全局最优解。

在生物学领域中，遗传过程表现为：一个种群中拥有一定数量的个体，每个个体都携带该种群的信息，即基因。个体之间互相选择后会使其携带的基因信息出现一个交叉的过程，可称之为染色体信息的交换。以此产生的下一代（子代）往往会继承其父代的特征，而其自身则有可能在基因信息的交互过程中出现变异。变异会使基因携带者的环境适应性产生变化，在经历多代累积后，可能会使个体向进化或淘汰的极端发展。这时，环境起到一个筛选的作用。个体获得的有利变异会在每一代的叠加中使其更加适应环境，反之则会被环境清除，最后留存在环境中的必然是保留了更多有利基因信息的个体。

在计算某一个数学问题时，基于上述生物学过程的遗传算法的主体思路是模仿个体信息交互和产生变异的过程，用某种标准对变异信息进行筛选，通过多次迭代获得适应该标准的个体。该个体所携带的信息数据即在某种约束条件下对该数学问题最优解的估计。

遗传算法与其他普通搜索算法相比，具有以下特点。

① 应用遗传算法求解实际问题时，需要选择编码方式，遗传算法直接处理的对象是参数的编码集，而不是问题参数本身。

② 遗传算法采用概率的变迁方法来指导搜索方向，不采用确定性规则。

③ 遗传算法具有计算简单及功能强大的特点，仅用适应度函数值来评估个体。适应度函数不仅不受连续可微的约束，而且其定义域可以任意设定，具有很好的全局寻优能力。

④ 遗传算法具有自组织性、自适应性和自学习性。在进化过程中，适应度强的个体具有高的生存概率，且能够获得更适应环境的基因结构。

⑤ 遗传算法对函数的性态没有太多的要求，具有普遍适应性，易扩充。

⑥ 遗传算法的运行方式简单，基本思想和步骤规范，便于具体使用。

2.6.2 遗传算法的基本术语

参数的确定、编码和初始种群的设定、适应度函数的设定、遗传操作设计等要素组成了遗传算法的核心内容。下面对遗传算法的基本术语进行介绍。

1. 编码

编码是遗传算法首要解决的问题。想要利用遗传算法求得最优值，需要首先将变量参数转换为遗传算法空间内由基因按一定结构组成的染色体或个体，然后将其用按一定方式编码的字符串来表示，字符串中的每一位代表一个基因，该过程被称为编码。在编码中，通常从以下 3 个方面评估其优劣。

① 完备性：问题空间中的所有点（候选解）都可以作为遗传算法空间中的点（个体）。

② 健全性：染色体可以对应所有问题空间中的候选解。

③ 非冗余性：确保染色体和候选解一一对应。

目前经常使用的编码方式有二进制编码、十进制编码及序号编码等。其中，二进制编码的方法为，由二进制字符集{0,1}产生 0、1 字符串来表示问题空间的候选解。它以简单易行、符合最小字符集编码原则的优势成为当前遗传算法中最常用的编码方式。

2. 基因

基因是字符串中的元素，作用是表示个体的特征。例如，有一个字符串 S=1011，则其中的 1、0、1、1 这 4 个元素就是基因。

3. 个体和种群

个体又可以称为染色体，一定数量的个体组成种群，种群中个体的数量称为种群的大小。

4. 适应度函数

对问题空间中的每个个体都能进行度量的函数，称为适应度函数，它可以体现个体的适应能力。每个个体对环境的适应程度称为适应度。利用适应度函数可以判断每个个体在种群中的优劣程度，个体的适应度函数值越大，说明其对应的解的质量越好，即一个个体解的好坏，是用适应度函数值来评价的。另外，遗传算法在进化搜索中基本不利用外部信息，仅以适应度函数为依据。适应度函数会直接影响遗传算法的收敛速度和能否找到最优解，因此适应度函数的选取至关重要。

5. 遗传操作

3 个遗传算法的基本操作分别为：选择、交叉、变异。由于对个体遗传的操作都是采用概率的变迁方法在随机扰动情况下指导搜索方向，因此种群中的个体向最优解迁移的规则是随机的。但需要指出的是，这种随机化操作与传统的无向搜索的随机搜索方法是不同的，遗传操作进行的是高效有向的搜索。

① 选择：从种群中选择质量好的个体、淘汰质量差的个体的操作叫选择，其目的是把质量好的个体直接遗传到下一代。常用的选择操作的方法有：适应度比例方法、随机遍历抽样法、局部选择法以及轮盘赌选择法。

② 交叉：在自然界的生物进化过程中，起到核心作用的是生物遗传基因的重组（与变异）。同样，在遗传算法中，起到核心作用的是交叉操作。交叉的目的是把两个父代个体的部分结构进行替换重组而生成新个体。通过交叉，遗传算法的搜索能力会得到大幅度地提高。交叉操作时，根据交叉概率将种群中的两个个体随机地交换某些基因，从而产生新的基因组合，期望将有益基因组合在一起。目前常用的交叉方法有：单点交叉、多点交叉、均匀交叉。

③ 变异：变异操作就是改变种群中的个体的某些基因位上的基因值。根据个体编码表示方法的不同，变异方法有：实值变异、二进制变异。

变异操作的基本步骤为：对种群里所有的个体以事先给定的变异概率判断是否发生变异；对进行变异的个体随机选择变异基因位并对该基因位进行编码取反。

根据交叉操作的全局搜索能力和变异操作的局部搜索能力，遗传算法把交叉操作作为主要操作，把变异操作作为辅助操作，其目的是利用交叉和变异相互配合又相互竞争的过程，使遗传算法兼顾全局和局部的均衡搜索能力。

2.6.3 遗传算法的寻优过程

遗传算法的寻优过程示意如图 2-6 所示。在利用遗传算法寻优时，通常包括以下 7 个步骤。

① 种群初始化：设置进化代数 generation=0，设置最大进化代数为 maxgeneration，随机生成 N 个个体作为初始种群。

② 终止条件判断：判断 generation 是否满足终止条件，若当前进化代数小于最大进化代数，则继续进行下一步；否则，以进化过程中所得到的具有最大适应

度的个体作为最优解输出，并结束寻优。

③ 评价适应度：计算种群中各个个体的适应度，建立适应度函数。

④ 选择操作：将选择操作作用于种群空间，即把质量好的个体直接遗传到下一代。

⑤ 交叉操作：将交叉操作作用于种群空间，即把两个父代个体的部分结构进行替换重组，生成新个体。

⑥ 变异操作：将变异操作作用于种群空间，即改变种群中个体字符串的某些基因位上的基因值。

⑦ 当前进化代数+1：种群经过选择、交叉、变异操作后得到下一代种群，然后将当前进化代数+1，并返回步骤②判断寻优过程是否终止。

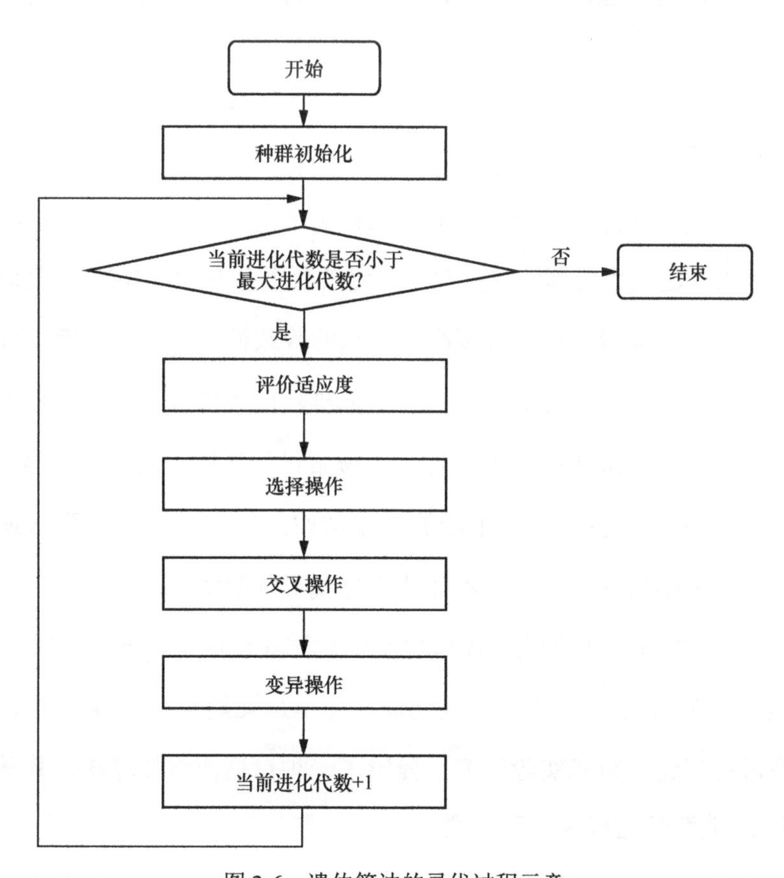

图 2-6　遗传算法的寻优过程示意

2.6.4 遗传算法的改进

自从 John Holland 教授提出遗传算法的完整结构和理论，众多科学家从控制参数的确定、编码方式、选择方式和交叉机理等方面进行了深入的研究，提出了各种遗传算法，从而推动了遗传算法的改进和发展。改进遗传算法包括分层遗传算法、CHC 遗传算法、自适应遗传算法、小生境遗传算法和并行遗传算法等。下面具体介绍一下自适应遗传算法和小生境遗传算法。

1. 自适应遗传算法

自适应遗传算法通过对遗传参数进行自适应调整，提高了收敛精度，加快了收敛速度。自适应遗传算法不仅保持了种群的多样性，还保证了遗传算法的收敛性。

传统遗传算法的交叉概率和变异概率是固定不变的，而在自适应遗传算法中，根据最优解的适应度值和平均适应度值的相似度，需要自动调节交叉概率和变异概率，从而保证每代种群中的基因种类丰富，同时防止过早地收敛到局部最优解。在自适应遗传算法的参数中，交叉概率 P_c 和变异概率 P_m 是影响遗传算法行为和性能的关键所在，直接影响算法的收敛性。P_c 越大，新个体产生的速度越快。然而，如果 P_c 过大，遗传算法被破坏的可能性就大，这使适应度强的个体结构很快会被破坏；如果 P_c 过小，搜索过程缓慢，就会导致停滞不前。另外，如果 P_m 过小，就不易产生新的个体结构；如果 P_m 过大，那么遗传算法就会变成纯粹的随机搜索算法，不能达到寻找最优解的目的。

针对不同的实际优化问题，需要反复试验后才能确定 P_c 和 P_m 的值，而且很难找到适应每个问题的 P_c 和 P_m 的最佳值。斯里尼瓦斯（Srinivas）等人通过对遗传概率进行理论分析和实验研究，提出了一种自适应遗传算法，其基本思想是使 P_c 和 P_m 能够随适应度自动改变。

自适应遗传算法能够提供相对最佳的 P_c 和 P_m 值，可以利用以下表达式对 P_c

和 P_m 的值进行自适应的调整。

$$P_c = \begin{cases} \dfrac{k_1(f_{max} - f')}{f_{max} - f_{avg}}, & f \geqslant f_{avg} \\ k_2, & f < f_{avg} \end{cases} \tag{2-28a}$$

$$P_m = \begin{cases} \dfrac{k_3(f_{max} - f)}{f_{max} - f_{avg}}, & f \geqslant f_{avg} \\ k_4, & f < f_{avg} \end{cases} \tag{2-28b}$$

式中，f_{max} 为种群中最大的适应度值；f_{avg} 为每一代种群的平均适应度值；f' 为预备交叉的个体中较大的适应度值；f 为预备变异的个体的适应度值；参数 k_1、k_2、k_3 和 k_4 在（0,1）区间内取值。

从式（2-28）中可以看出，当适应度值越接近最大适应度值时，交叉概率和变异概率就越小。当适应度值等于最大适应度值时，P_c 和 P_m 的值为零。上述自适应遗传算法对于种群处于进化后期比较合适，对于进化初期不利，因为当使用此方法时，在进化初期，种群中的较为优良的个体几乎处于不发生变化的状态，而且初期时的优良个体不一定是全局最优解。自适应遗传算法使进化过程走向局部最优解的可能性增加，因此任子武等人在 Srinivas 提出的自适应遗传算法的基础上，又提出了一种改进的自适应遗传算法。在改进的自适应遗传算法中，种群中具有最大适应度值的个体的 P_c 和 P_m 不会为零，把它们分别提高到 P_{c2} 和 P_{m2}，这样就相应地提高了种群中优良个体的交叉概率和变异概率，解决了进化过程近似停滞不前的问题。改进后的 P_c 和 P_m 的表达式如下。

$$P_c = \begin{cases} P_{c1} - \dfrac{(P_{c1} - P_{c2})(f' - f_{avg})}{f_{max} - f_{avg}}, & f' \geqslant f_{avg} \\ P_{c1}, & f' < f_{avg} \end{cases} \tag{2-29a}$$

$$P_m = \begin{cases} P_{m1} - \dfrac{(P_{m1} - P_{m2})(f_{max} - f)}{f_{max} - f_{avg}}, & f \geqslant f_{avg} \\ P_{m1}, & f < f_{avg} \end{cases} \tag{2-29b}$$

式中，P_{c1}、P_{c2}、P_{m1}和P_{m2}的典型值为$P_{c1}=0.9$，$P_{c2}=0.6$，$P_{m1}=0.1$，$P_{m2}=0.001$。

2. 小生境遗传算法

卡维奇奥（Cavicchio）在 1970 年提出了基于预选择机制的小生境实现方法，基本思想来源于生物在进化过程中，相同物种一般聚在一起。这种现象在遗传算法中的体现就是使个体在一个特定的环境（小生境）中变化。实践证明，基于小生境的遗传算法对于改善遗传算法的全局收敛性、收敛速度及保持物种进化多样性等都具有很好的效果。

1975 年，德容（Dejong）提出了基于排挤机制的小生境实现方法，一般化了 Cavicchio 的预选择机制。他的基本想法是，在一个有限的生存环境中，各种生物为了能够延续生存的能力，必须相互竞争有限的生存资源。按照这种思想，他在遗传算法中设置了一个排挤因子 CF（一般取 2 或 3），从种群中随机地选取 1/CF 个个体组成排挤个体，然后根据新产生的个体成员与排挤成员的相似程度来排挤一些与预排挤成员相似的个体。个体之间的相似性可用个体编码之间的汉明距离来度量。排挤的基本做法是：当新产生的子代个体的适应度超过其父代个体的适应度时，该子代才能代替其父代遗传到下一代种群中，否则父代个体仍保留在下一代种群中。由于子代个体和父代个体的编码结构具有相似性，因此替换的只是一些编码结构相似的个体。随着排挤过程的进行，种群中的个体将逐渐被分类，从而形成一个个小的生存环境，所以它能够有效地维持种群的多样性，并造就小生境的进化环境。

小生境遗传算法的主要步骤如下。

（1）选取峰中心

每个个体按照适应度的降低找出 N 个峰中心（见规则 I），并将每个个体分配到最近的峰中心（见规则Ⅱ）。

规则Ⅰ：①指定第一个个体为第一个峰中心，并将其标记为“选择”；②从种群中有序地选择个体，这些个体满足的条件为个体没有被标记为“选择”；③计算每一个未标记个体和所有的已标记个体的汉明距离总和，将距离总和最大的个体作为下一个确认峰中心，并将其标记为“选择”；④重复步骤②和③，直到找到所有的峰中心。

规则Ⅱ：①对每一个没有被标记为“选择”的个体，计算其与每个峰中心的汉明距离；②将与每个峰中心离得最近的个体分配到该峰中心所属的组内；③重复步骤①和②，直到把所有的个体都分配完。

（2）计算共享适应度

计算每个个体 i 的小生境数 m_i（等于在每个峰中心所属组内的个体数）；计算每个个体 i 的共享适应度 f_i'，即 $f_i' = f_i/m_i$（f_i 是个体本身实际的适应度）；每个峰在多峰域里可以作为一个小生境。

2.6.5　基于遗传算法的光学超晶格结构设计

如前所述，利用具有非均匀极化周期结构的光学超晶格可以获得高效、平坦、带宽大的光波长转换特性。但当采用数值仿真方法设计和寻找光学超晶格的最优结构参数时，耗费的时间非常长，主要原因在于：传统的均匀极化周期结构只有一个极化周期值，但非均匀极化周期结构却具有一系列连续或不连续变化的极化周期值（即极化周期组）。每个极化周期值的搜寻范围本来就很广，现在又需要设计一组极化周期值，并且对各组极化周期值重复地进行性能比较才能最终确定最佳的光学超晶格结构参数，这个过程导致在寻找非均匀极化周期结构光学超晶格的最优结构参数时将耗费很长时间。

具有一系列连续或不连续变化的极化周期值的光学超晶格结构的典型代表分别为啁啾结构和分段结构，后续内容主要针对这两类结构进行设计和分析。

举例说明，通过数值求解 DFG 非线性耦合波方程来进行均匀分段结构光学超晶格的优化设计时，如果所分段数为 6，则需要约 9 小时才能得到一次结果[8]，这对于实际中光波长转换器的优化设计是十分不利的。针对上述问题，本小节介绍的光学超晶格的结构优化设计都使用了混合遗传算法[9, 10]。混合遗传算法结合了精英选择策略、自适应遗传算法和小生境遗传算法的特点，采用了聚类、共享机制、排挤机制、自适应遗传算子、精英替换和适应度尺度变化等操作，可以从多个不同的初始点进行搜索，从而使局部最优解能够快速向全局最优解靠近。下面以均匀分段结构光学超晶格 PPLN 晶体为例，对利用混合遗传算法优化设计光学超晶格的结构进行介绍。均匀分段结构光学超晶格模型详见第 3 章。

1. 混合遗传算法的实现思路

将混合遗传算法应用在均匀分段结构光学超晶格的结构优化设计中时，通过对每段的极化周期值变量 Λ_i 进行随机编码，寻找满足高效、平坦、带宽大的光波长转换特性要求的最优结构设计参数。

首先建立初始种群和个体，接着将初始种群划分为若干子种群进行遗传进化，这样既提高了遗传算法的运算速度，也具备了维持种群多样性的能力，减少早熟现象的发生。为了进一步抑制早熟现象，避免编码后的个体一致化，因此引入小生境遗传机理，并在进化过程中采用自适应的交叉概率和变异概率，从而大大提高了算法的寻优性能，具体如下。

（1）个体编码和初始种群的建立

个体编码就是将变量参数由编码转换为遗传空间内的个体和种群的过程。首先把均匀分段结构光学超晶格的极化周期作为变量参数，对其进行二进制编码后作为个体，根据设定的极化周期值搜寻范围确定个体基因的个数。然后设置种群的大小，随机生成 N 个个体作为初始种群，作为变量空间的候选解。

（2）适应度函数

适应度函数是用来判断种群中个体优劣程度的指标。在搜索进化过程中，遗传算法一般不需要其他外部信息，仅用适应度函数来评估个体或解的优劣，并作为以后遗传操作的依据。

在完成编码转换后，需根据评价指标设定适应度函数。通常情况下，适应度函数应满足“单值、连续、非负、合理、计算量小、通用性强”等要求。考虑到以上要求，在均匀分段结构光学超晶格的优化设计中，将转换带宽作为个体适应度值，将个体与转换带宽的对应关系作为适应度函数，根据转换带宽的大小直接判断个体优劣。适应度值越大，则表明相应个体越优，而最大适应度个体对应的极化周期值即最终所需的均匀分段结构光学超晶格的优化结构参数。

（3）聚类和共享适应度函数

根据个体之间的相似程度确定若干个峰中心个体，比较种群中每两个个体之间的汉明距离。根据汉明距离度量，并以峰中心个体为中心划分为若干类。由此将搜索空间的多个不同峰中心区分开来，每个峰中心接受一定数目的个体，再结合共享机制来调整种群中各个个体的适应度，在算法进化过程中维持种群的多样性，创建小生境的进化环境。

（4）精英选择和精英替换

精英选择是在每个峰中心类中，按照个体的适应度值的大小进行排序，挑选出 m 个适应度值最大的个体作为精英。精英替换是将这些精英迁移到其所在的下一代峰中心类中，也就是将上一代中产生的最优个体（精英）随机替换新一代最差的个体的过程。精英选择和精英替换既保留了上一代的优秀个体，又不至于破坏新一代的较优个体，间接提高了算法的优化速度。

（5）自适应遗传算子

结合自适应遗传算法，根据最优解的适应度值和平均适应度值的相似度，自动调节变异概率和交叉概率，这样可以保证在每一代种群中基因种类丰富，同时防止了过早收敛到局部最优解。自适应遗传算子对于种群处于进化后期更加有利，克服了传统遗传算法易陷入早熟的难题。

（6）排挤机制

排挤机制的基本思想是：将父代种群随机地两两配对，若 N 为种群规模，则配对后将生成 $N/2$ 对父代个体。每对父代个体进行交叉、变异的遗传操作，生成两个子代个体。这两个子代个体分别与其中一个相似的父代个体进行竞争，适应度值大的个体替代适应度值小的个体进入下一代循环过程。排挤机制的过程具体如下。

① 随机选择两个父代个体 P_1、P_2。

② 对 P_1、P_2 进行交叉、变异，生成子代个体 C_1、C_2。

③ 计算 P_1 与 C_1、P_2 与 C_2、P_1 与 C_2、P_2 与 C_1 的汉明距离 d_1、d_2、d_3、d_4。

④ 如果 d_1+d_2 不大于 d_3+d_4，那么当 C_1 的适应度值大于 P_1 的适应度值时，用 C_1 代替 P_1；当 C_2 的适应度值大于 P_2 的适应度值时，用 C_2 代替 P_2。否则，当 C_2 的适应度值大于 P_1 的适应度值时，用 C_2 代替 P_1；当 C_1 的适应度值大于 P_2 的适应度值时，用 C_1 代替 P_2。

2．混合遗传算法的具体实现步骤

（1）初始化

初始化种群中的个体数为 N，峰中心个数为 n，精英数为 m，最大遗传代数为 M，并设置当前遗传代数 g=0。

（2）编码

采用二进制方式完成个体的随机编码。设定每个极化周期值 Λ_i 的起始为 18.505μm，变化范围可表示为 18.505+[0, 2^x]μm。将每个极化周期值的增量 2^x 依次采用二进制方式编码，将编码后得到的所有二进制数值作为一个个体。通过调试，一般情况下设定每个极化周期的数量级 x=6（即每个极化周期对应 6 个基因，若光学超晶格被分为 a 段，个体就有 6a 个基因），在个体数 N=40 的情况下就可得到趋于稳定的结果。在采用二进制编码的情况下，通过利用随机数发生函数产生一组初始的随机个体。

（3）解码

在进行适应度（即转换带宽）计算时需要使用个体的十进制数，因此要对每个二进制个体进行解码，还原为十进制的实际值（即极化周期值的增量）。首先计算个体对应的每组极化周期值 Λ_i 的十进制增量 2^x，然后根据 Λ_i=18.505+2^x 计算出相应的极化周期值，即后续仿真过程中需要用到的极化周期值。

（4）排挤选择

如果代数 $g \geqslant 2$，就进行排挤选择，按照排挤机制的方法实现。

（5）精英选择和精英替换

当 $g \geqslant 1$ 时，进行精英选择，在每个峰中心类中选择 m 个适应度值最大的个体作为精英。当 $g \geqslant 2$ 时，在每个峰中心类中，用 m 个精英替换相应的适应度值最小的 m 个个体。

（6）适应度函数计算

建立种群的适应度函数，计算每个个体的实际适应度 f_i。利用四阶龙格库塔法对稳态耦合波方程进行数值求解，仿真得到每组极化周期值下信号光波长（波长范围设为 1450～1680nm）的转换效率曲线，求得基于均匀分段结构光学超晶格的波长转换器的转换带宽。这个极化周期与转换带宽的对应关系即利用混合遗传算法设计光学超晶格结构时的适应度函数。

（7）线性变换

对适应度函数进行线性变换，具体如下。

$$f_{li} = a \cdot f_i + b \tag{2-30}$$

$$\begin{cases} \begin{cases} a = \left(C_{\mathrm{m}} - 1\right) f_{\mathrm{avg}} \left(f_{\max} - f_{\mathrm{avg}}\right) \\ b = \left(f_{\max} - C_{\mathrm{m}} f_{\mathrm{avg}}\right) f_{\mathrm{avg}} \left(f_{\max} - f_{\mathrm{avg}}\right) \end{cases}, \text{ if } \quad f_{\min} > \dfrac{C_{\mathrm{m}} f_{\mathrm{avg}} - f_{\max}}{C_{\mathrm{m}} - 1} \\ \begin{cases} a = f_{\mathrm{avg}} \left(f_{\mathrm{avg}} - f_{\min}\right) \\ b = -a \cdot f_{\min} \end{cases}, \qquad \text{others} \end{cases} \tag{2-31}$$

式（2-30）用于实现适应度的线性变换，其中 a、b 两个系数由式（2-31）确定。在式（2-30）和式（2-31）中，C_{m} 是常数，取 1.5；f_{li} 是每个个体的线性适应度；$f_{\max}$、$f_{\min}$ 和 f_{avg} 分别是整个种群中的最大适应度、最小适应度和平均适应度。计算每个个体对应的线性适应度值，并进行比较，判断并寻找适应能力强的最优个体。适应度线性变换可以保持种群的多样性，计算简单并易于实现。

（8）聚类

根据个体之间的汉明距离，找出 n 个峰中心（见规则Ⅰ），并将每个非峰中心个体分配到最近的峰中心类（见规则Ⅱ）。

规则Ⅰ：①指定第一个个体为第一个中心，并将其标记为“峰中心”；②从种群中有序地选择没有被标记的个体；③计算每个未标记个体和所有已知峰中心之间的汉明距离总和，将距离总和最大的个体作为下一个峰中心，并将其标记为“峰中心”；④重复步骤②和③，直到找到所有的峰中心，计为 n 个。

规则Ⅱ：①计算每一个没有被标记为“峰中心”的个体与 n 个峰中心的汉明距离；②将每个个体分配到与其距离最短的峰中心所属的类内；③重复步骤①和②，直到把所有的个体都分配完。

（9）计算共享适应度

每个峰中心类在多峰域里可以作为一个小生境。计算每个个体的小生境数 m_i（m_i 等于每个峰中心类内的个体数）；计算每个个体的共享适应度 s_i，令 $s_i = f_{li} / m_i$。

（10）交叉

以自适应的交叉概率 P_{c} 进行掩码交叉。P_{c} 的计算方法如下。

$$P_{\mathrm{c}}=\begin{cases} P_{\mathrm{c1}}-\dfrac{(P_{\mathrm{c1}}-P_{\mathrm{c2}})(f_{\mathrm{p}}-s_{\mathrm{avg}})}{f_{\max}-f_{\mathrm{avg}}}, & f_{\mathrm{p}} \geqslant f_{\mathrm{avg}} \\ P_{\mathrm{c1}}, & f_{\mathrm{p}} < f_{\mathrm{avg}} \end{cases} \tag{2-32}$$

式中，f_p 是两个交叉染色体中最大的共享适应度，P_{c1} 和 P_{c2} 分别是最大交叉概率和最小交叉概率，分别取 $P_{c1}=0.9$，$P_{c2}=0.6$，其他参数与公式（2-31）的参数相同。

（11）变异

以自适应的变异概率 P_m 进行单点变异。P_m 的计算方法如下。

$$P_m=\begin{cases}P_{m1}-\dfrac{(P_{m1}-P_{m2})(f_{max}-s_i)}{f_{max}-f_{avg}}, & s_i\geqslant f_{avg}\\ P_{m1}, & s_i<f_{avg}\end{cases} \tag{2-33}$$

式中，P_{m1} 和 P_{m2} 分别是最大变异概率和最小变异概率，分别取 $P_{m1}=0.1$，$P_{m2}=0.001$，其他参数与公式（2-31）的参数相同。

（12）终止

如果终止准则被满足，则停止计算并输出最优结果；否则，令 $g=g+1$，并跳到步骤（2）继续循环。

经过多次调试发现，当种群中的个体数 N=40，峰中心个数 n=4，精英数 m=4，最大遗传代数 M=50 时，即可获得稳定的输出结果，并且此结果与不采用混合遗传算法时得到的结果相同，证明了所设计和采用的混合遗传算法是有效的。此外，在相同条件下，采用混合遗传算法搜寻光学超晶格的结构优化设计参数时，仿真计算时间不超过 20 分钟，与不采用混合遗传算法时相比缩短了 5 小时，与前文提到的约 9 小时的仿真时间相比性能更优越，这证明采用混合遗传算法能够大大地提高光波长转换器的设计效率，特别是当光学超晶格的结构较复杂时，使用混合遗传算法的优势更加明显。

2.7　本章小结

本章阐述了利用光学超晶格实现光波长转换的基本原理和方法。首先，本章介绍了光学超晶格的原理，即准相位匹配理论。其次，本章介绍了基于光学超晶格的光波长转换实现方案和原理，包括基于差频效应的光波长转换方案、基于单/双通构型级联倍频效应+差频效应的光波长转换方案和基于单/双通构型级联和频效应+差频效应的光波长转换方案。然后，本章介绍了用于求解光波长转换过程中的耦合波程的龙格库塔方法的基本原理和求解思路。最后，本章介绍了遗传算法的基本原理，以及利用遗传算法对光学超晶格的结构进行优化设计的实现方法。

参考文献

[1] ARMSTRONG J A，BLOEMBERGEN N，DUCUING J，et al. Interactions between light waves in a nonlinear dielectric[J]. Physical Review，1962，127：1918-1939.

[2] XU C Q，OKAYAMA H，KAWAHARA M. 1.5μm band efficient broadband wavelength conversion by difference frequency generation in a periodically domain-inverted $LiNbO_3$ channel waveguide[J]. Applied Physics Letters，1993，63：3559-3561.

[3] GALLO K，ASSANTO C. Analysis of lithium niobate all-optical wavelength shifters for the third spectral window[J]. Journal of the Optical Society of America B，1999，16（5）：741-753.

[4] CHEN B，XU C Q. Analysis of novel cascaded $\chi^{(2)}$（SFG+DFG）wavelength conversions in quasi-phase-matched waveguides[J]. IEEE Journal of Quantum Electronics，2004，40（3）：256-261.

[5] 喻松，张华，申静，等. 基于双通构型的和频、差频可变波长路由方案及其应用[J]. 物理学报，2008（2）：909-916.

[6] 李庆扬，王能超，易大义. 数值分析（第 5 版）[M]. 北京：清华大学出版社，2008.

[7] 王小平，曹立明. 遗传算法：理论应用与软件实现[M]. 西安：西安交通大学出版社，2002.

[8] LIU X M，ZHANG H Y，GUO Y L. Theoretical analyses and optimizations for wavelength conversion by quasi-phase-matching difference frequency generation[J]. Journal of Lightwave Technology，2001，19（11）：1785-1792.

[9] LIU X M，LI Y H. Optimal design of DFG-based wavelength conversion based on hybrid genetic algorithm[J]. Optics Express，2003，11（14）：1677-1688.

[10] LIU T，CUI J. Optimal design of segmented quasi-phase-matching SHG+DFG wavelength conversion structure based on hybrid genetic algorithm[C]. 7th International Symposium on Advanced Optical Manufacturing and Testing Technologies，2014.

第3章

均匀分段结构光学超晶格及其在光波长转换中的应用

本章主要介绍均匀分段结构光学超晶格模型，其结构参数的优化设计方法，基于均匀分段结构光学超晶格的不同光波长转换实现方案，以及温度、晶体制造误差等对光波长转换特性的影响。

3.1 均匀分段结构光学超晶格模型

传统的基于光学超晶格的光波长转换方案使用的超晶格只具有单一均匀的极化周期。对于 WDM 系统中的多信道光波长转换而言，需要获得很大且平坦的转换带宽。然而，使用单一均匀极化周期结构的光学超晶格时，信号光的转换带宽较小，只有约 60nm。为了获得高效的、平坦、带宽大的光波长转换特性，需要对传统的只具有单一极化周期的超晶格结构进行改变，因此采用具有非均匀极化周期结构的光学超晶格[1-6]，其中最简单的就是分段结构光学超晶格[1]，其模型如图 3-1 所示。

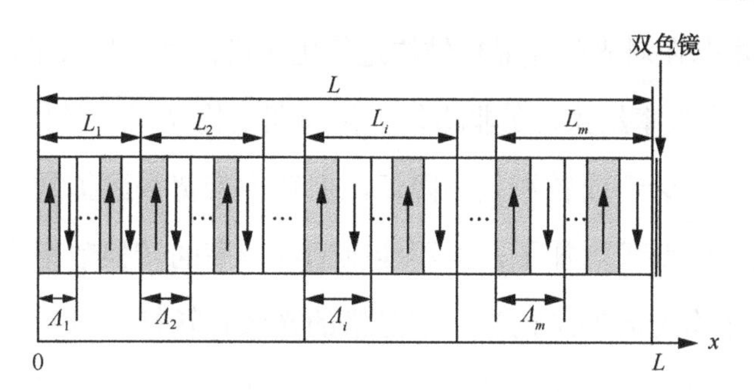

图 3-1　分段结构光学超晶格模型

假设晶体的总长度为 L，晶体沿着光的传输方向（x 轴正方向）、被分成 m 段，每段的长度为 L_i；每段晶体内都只有一个极化周期 $\Lambda_i(i=1,2,\cdots,m)$，但各段的 Λ_i 取值不相同。当每段晶体长度相等时，$L_i=L/m$，即均匀分段结构光学超晶格。均匀分段结构光学超晶格的优点在于：结构较简单，易制备，易通过数值仿真计算获得各段 Λ_i 之间的最优排列组合。

当泵浦光和信号光的波长都确定后，优化设计每段晶体的极化周期 Λ_i 就可以扩展信号光的转换带宽。为了同时获得较高的转换效率以及较好的转换平坦性，可以在对超晶格的结构进行优化设计时加入约束条件。

与传统的单一均匀极化周期结构光学超晶格相比，均匀分段结构光学超晶格具有多个极化周期，因此光波在相互作用过程中会存在一定的相位失配，造成光波长转换效率出现一定程度的下降。但由于均匀分段结构光学超晶格能够提供比传统的均匀极化周期结构光学超晶格更多的倒格失，因此转换带宽可以得到扩展且转换效率曲线也更平坦。

下面介绍基于均匀分段结构光学超晶格的多种光波长转换实现方案，并且分析温度、晶体制造误差等对光波长转换特性的影响。

3.2　基于级联倍频效应+差频效应的光波长转换特性

为了满足 WDM 光网络对光波长转换器的高效、平坦、带宽大的光波长转换特性的要求，本书在对光学超晶格结构进行优化设计时，加入了以下约束条件。

① 最大转换效率约束。在非均匀极化周期结构光学超晶格中，多个极化周期导致的相位失配会造成转换效率降低，但转换带宽得到扩展。WDM 光网络虽然对转换带宽的要求增加了，但不能以牺牲较高的转换效率为代价。因此，为了保证基于非均匀周期结构光学超晶格的光波长转换同时具有大带宽和较高的转换效率，在对光学超晶格结构进行优化设计时，首先计算采用传统结构光学超晶格时的最大转换效率，然后以此为标准，根据实际场景需求适当降低对转换效率的要求（如下降 2～3dB），最后把降低后的转换效率作为约束条件加入光学超晶格结构的优化设计。

② 转换效率平坦性约束。首先定义衡量转换效率平坦性的参数：平坦度 F=（最大转换效率）−（3dB 带宽范围内的中心转换效率）。F 值越小，转换效率越平坦，相应的转换带宽和转换效率可能越小。这里的 3dB 带宽是转换带宽，即信号光转换效率曲线上的最大转换效率下降 3dB 后对应的信号光波长范围。然后根据实际场景要求，将平坦度约束在一定范围内（如 $F \leqslant 1$dB），最后进行光学超晶格结构的优化设计。

3.2.1 单通构型

基于级联 SHG 效应+DFG 效应的光波长转换过程的基本原理已在第 2 章中给出。在光学超晶格结构的优化设计及光波长转换特性的分析中，假设泵浦光是初始功率为 100mW 的连续光，波长设定为 0.775μm（最常用的波长）；信号光的波长在 1450～1680nm 连续变化，功率为 1mW。PPLN 晶体的长度设为 3cm，工作温度设置在 150℃，约束平坦度 $F \leqslant 1$dB。

当 PPLN 晶体被分为 1～6 段时，单通构型级联 SHG 效应+DFG 效应光波长转换过程的结构设计参数及转换带宽见表 3-1。其中，$\Delta\lambda$ 代表转换带宽，单位是 nm。η 表示信号光的转换效率，单位是 dB，定义如下。

$$\eta = 10\lg\left(\frac{\left|E_{\mathrm{c}}(L)\right|^2}{\left|E_{\mathrm{s0}}\right|^2}\right) = 10\lg\left(\frac{P_{\mathrm{c}}(L)}{P_{\mathrm{s0}}}\right) \tag{3-1}$$

式中，E_{s0}和 P_{s0} 分别表示初始信号光的场振幅和光强。

表 3-1　单通构型级联 SHG 效应+DFG 效应光波长转换过程的结构设计参数及转换带宽

段数	Λ_i/μm（i=1, 2, 3, 4, 5, 6）	Δλ/nm
1	18.515	94
2	18.516，18.518	131
3	18.517，18.523，18.515	158
4	18.519，18.522，18.523，18.514	182
5	18.529，18.529，18.523，18.522，18.519	202
6	18.518，18.507，18.531，18.525，18.528，18.530	222

不同分段情况下单通构型级联 SHG 效应+DFG 效应光波长转换过程的转换效率曲线如图 3-2 所示。

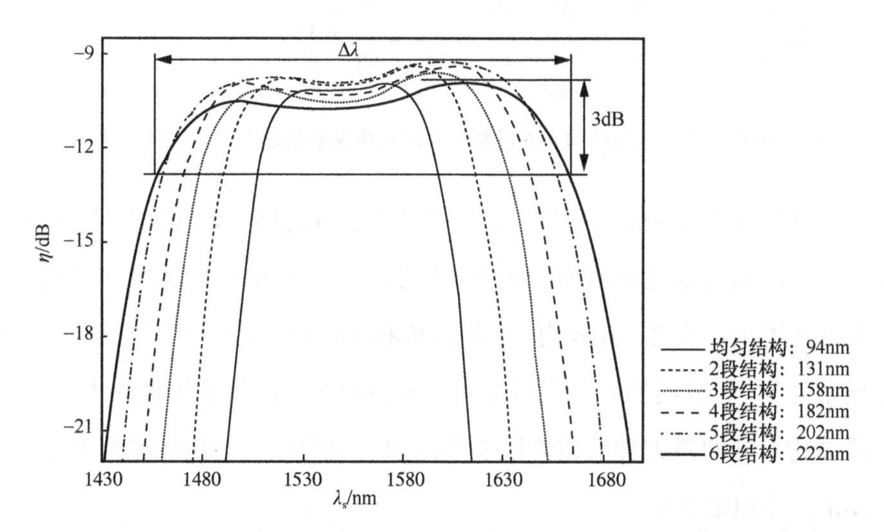

图 3-2　不同分段情况下单通构型级联 SHG 效应+DFG 效应光波长转换过程的转换效率曲线

从表 3-1 和图 3-2 可以看出，均匀分段结构能够有效地对光波长转换器的转换带宽进行扩展，并且随着段数的增加，转换带宽逐渐增大。在采用传统的单一均匀极化周期结构时，转换带宽仅有 94nm；而当采用 6 段极化周期结构时，通过对各段的极化周期参数进行优化，可以将转换带宽扩展到 222nm。不过，随着段数的增加，最大转换效率整体呈下降趋势，当采用 6 段结构时，最大转换效率为−11.4dB，与采用单一均匀极化周期结构的转换效率相比下降了 0.6dB。

另外，晶体长度也会影响光波长转换特性。当单通构型下分别采用 3 段结构和 6 段结构时，进一步分析转换带宽、最大转换效率和平坦度等参数随着晶体长度变化的情况，如图 3-3 所示。

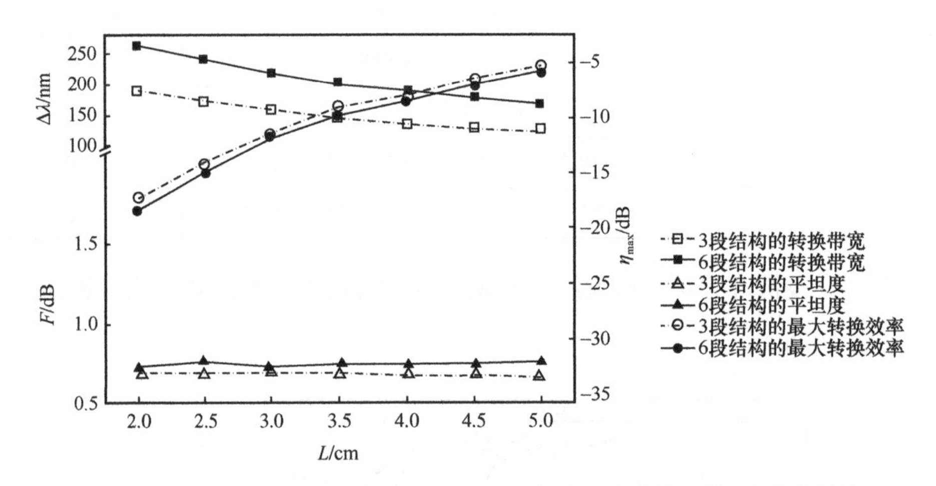

图 3-3 单通构型下 3 段结构和 6 段结构对应的相关参数随着晶体长度变化的情况

当晶体长度在 2～5cm 变化时，随着晶体长度的增加，转换带宽逐渐减小；相反，最大转换效率逐渐增加。此外，转换效率曲线的平坦度有一定的波动起伏，但变化不大，在 2～5cm 内，3 段结构和 6 段结构的平坦度都小于 0.8dB。在相同条件下，6 段结构的转换带宽比 3 段结构的转换带宽平均约大 60nm；但是 6 段结构对应的最大转换效率比 3 段结构对应的最大转换效率都要低，相差 0.5～1dB，平坦度也稍差。

从上述结果可以看出，不管采用几段均匀分段结构，通过对结构参数进行优化设计，得到的转换带宽都比传统单一均匀极化周期结构的转换带宽要大。但是，随着所分段数的增加，光学超晶格的结构设计和实现的复杂度都会增加，所以在实际中应根据具体情况合理选取晶体所分的段数。

3.2.2 双通构型

1. 耦合波方程的矩阵解法

在利用四阶龙格库塔法求解光波长转换过程的耦合波方程时，随着晶体长度的增加，迭代计算步数将越来越多，这大大影响了光学超晶格结构设计的效率。因此，针对双通构型级联 SHG 效应+DFG 效应的光波长转换（以及后面的双通构型级联 SFG 效应+DFG 效应的光波长转换）过程的耦合波方程求解问题，我们采用矩阵解法[1]以避免四阶龙格库塔法中的复杂迭代运算，既可以不失准确性，又能高效地完成对耦合波方程的计算，从而分析得到光波长转换器的性能。

通过第 2 章的介绍可知，在单通构型中，级联 SHG 过程+DFG 过程（或级联 SFG 过程+DFG 过程）中光波的相互作用较复杂，相应的耦合波方程较多。但在双通构型中，SHG 过程（或 SFG 过程）和 DFG 过程是相互独立的，可以分别进行分析，描述每个过程的耦合波方程较少，因此适合利用矩阵解法给出每个二阶非线性过程的矩阵表达式。

为了便于读者理解矩阵解法，下面将再次给出双通构型级联 SHG 过程+DFG 过程光波长转换的耦合波方程。

在前向传输 SHG 过程中，泵浦光 E_{p} 入射光学超晶格后，前向传输时频率加倍，得到倍频光 E_{SH}，且 $\omega_{\mathrm{SH}}=2\omega_{\mathrm{p}}$，耦合波方程如下。

$$\frac{\partial E_{\mathrm{p}}}{\partial x}=-\mathrm{i}\omega_{\mathrm{p}}\kappa_{\mathrm{SH}}E_{\mathrm{p}}^{*}E_{\mathrm{SH}}\exp(\mathrm{i}\Delta k_{\mathrm{SH}}x)-\frac{\alpha_{\mathrm{p}}}{2}E_{\mathrm{p}} \tag{3-2}$$

$$\frac{\partial E_{\mathrm{SH}}}{\partial x}=-\mathrm{i}\omega_{\mathrm{p}}\kappa_{\mathrm{SH}}E_{\mathrm{p}}^{2}\exp(\mathrm{i}\Delta k_{\mathrm{SH}}x)-\frac{\alpha_{\mathrm{SH}}}{2}E_{\mathrm{SH}} \tag{3-3}$$

式（3-2）和式（3-3）中各变量的含义已在前文介绍过，在此不再赘述。由于在光波长转换过程中，泵浦光功率一般远大于信号光功率，因此可被视为常数，即在前向传输 SHG 过程中 E_{p} 基本不变。在小信号近似的条件下，当忽略传输损耗时，首先对式（3-2）和式（3-3）进行微分，得到二阶微分表达式；然后通过对二阶微分方程求解，得到输出倍频光 E_{SH} 和泵浦光 E_{p} 的关系式；最后对两者的关系式进行整理，就可以得到矩阵形式的解。

以式（3-2）中倍频光场强 E_{SH} 为例，首先得到 E_{SH} 二阶偏微分方程，如下。

$$\frac{\partial^2 E_{\mathrm{SH}}}{\partial^2 x} = -\omega_{\mathrm{p}}\kappa_{\mathrm{SH}}E_{\mathrm{p}}\omega_{\mathrm{p}}\kappa_{\mathrm{SH}}E_{\mathrm{p}}^{*}E_{\mathrm{SH}} + \mathrm{i}\Delta k_{\mathrm{SH}}\frac{\partial E_{\mathrm{SH}}}{\partial z} \tag{3-4}$$

令 $M_{\mathrm{p}} = \omega_{\mathrm{p}}\kappa_{\mathrm{SH}}E_{\mathrm{p}}$， $M_{\mathrm{p}}^{*} = \omega_{\mathrm{p}}\kappa_{\mathrm{SH}}E_{\mathrm{p}}^{*}$，则 $\frac{\partial^2 E_{\mathrm{SH}}}{\partial^2 x}$ 可表示为以下形式。

$$\frac{\partial^2 E_{\mathrm{SH}}}{\partial^2 x} - \mathrm{i}\Delta k_{\mathrm{SH}}\frac{\partial E_{\mathrm{SH}}}{\partial z} + M_{\mathrm{p}}M_{\mathrm{p}}^{*}E_{\mathrm{SH}} = 0 \tag{3-5}$$

对式（3-5）求解，已知该二阶线性齐次常微分方程的特征方程形式为 $\lambda^2 + p\lambda + q = 0$，所以可得到其特征方程的解如下。

$$\lambda_{1,2} = \frac{\mathrm{i}\Delta k_{\mathrm{SH}} \pm \sqrt{-\Delta k_{\mathrm{SH}}^2 - 4M_{\mathrm{p}}M_{\mathrm{p}}^{*}}}{2} = \frac{\mathrm{i}\Delta k_{\mathrm{SH}}}{2} \pm \mathrm{i}P\text{，其中 } P = \sqrt{\frac{\Delta k_{\mathrm{SH}}^2}{4} + M_{\mathrm{p}}M_{\mathrm{p}}^{*}} \tag{3-6}$$

根据二阶偏微分方程通解的特性，当特征方程的解的形式为 $\lambda=\alpha \pm \mathrm{i}\beta$ 时，方程 $\lambda^2 + p\lambda + q = 0$ 的通解为 $y = \mathrm{e}^{\alpha x}[C_1\cos(\beta x) + C_2\sin(\beta x)]$，因此得到以下表达式。

$$E_{\mathrm{SH}} = \mathrm{e}^{\frac{\mathrm{i}\Delta k_{\mathrm{SH}}}{2}x}[C_1\cos(Px) + C_2\sin(Px)] \tag{3-7}$$

接着从初始条件入手求解 C_1 和 C_2。

已知当 $x = 0$ 时，$E_{\mathrm{SH}}(x) = E_{\mathrm{SH}}(0)$，代入式（3-7）中可得 $C_1 = E_{\mathrm{SH}}(0)$。此时 $E_{\mathrm{SH}}(x)$ 可以用以下表达式来表示。

$$E_{SH}(x)=[E_{SH}(0)\cos(Px)+C_2\sin(Px)]\exp\left(\frac{i\Delta k_{SH}}{2}x\right) \tag{3-8}$$

对式（3-8）进行一阶偏微分，再将得到的表达式与式（3-3）联立，即当 x=0 时令两式相等，推导得到 C_2 如下。

$$C_2=\frac{-iM_1E_p(x)-\dfrac{i\Delta k_{SH}}{2}E_{SH}(0)}{P} \tag{3-9}$$

把 C_1、C_2 代入式（3-7），得到 $E_{SH}(x)$ 的表达式如下。

$$E_{SH}(x_l)=e_1\left(\cos(P_lL_l)-\frac{i\Delta k_{SH}}{2}\frac{\sin(P_lL_l)}{P_l}\right)E_{SH}(x_{l-1})-e_1iM_p\frac{\sin(P_lL_l)}{P_l}E_p(x_{l-1}) \tag{3-10}$$

同理，对式（3-2）进行相同运算，得到 E_p 表达式如下。

$$E_p(x_l)=e_1^*\left(\cos(P_lL_l)-\frac{i\Delta k_{SH}}{2}\frac{\sin(P_lL_l)}{P_l}\right)E_p(x_{l-1})-e_1^*iM_p^*\frac{\sin(P_lL_l)}{P_l}E_{SH}(x_{l-1}) \tag{3-11}$$

式（3-10）和式（3-11）中的 $e_1=\exp(i\Delta k_{SH}L_l/2)$，$L_l$ 是均匀分段结构光学超晶格晶体的第 l 段的长度，$x_{l-1}=(x_l-L_l)$ 和 x_l 分别代表每段晶体的输入位置和输出位置的横坐标。以 3 段结构 PPLN 晶体为例，因为每段对应的极化周期值 Λ_l（$l=1,2,3$）不同，且相位失配值 Δk_{SH} 由晶体极化周期、泵浦光和倍频光折射率决定，所以每段晶体对应着不同的相位失配，这导致在计算过程中，每段晶体对应的参数 P 也各不相同。通过整理式（3-10）和式（3-11），可以得到以下以矩阵形式表示的耦合波方程的解。

$$\begin{bmatrix}E_{SH}(x_l)\\E_p(x_l)\end{bmatrix}=\begin{bmatrix}N_{l,1}&N_{l,2}\\N_{l,3}&N_{l,1}^*\end{bmatrix}\begin{bmatrix}E_{SH}(x_{l-1})\\E_p(x_{l-1})\end{bmatrix} \tag{3-12}$$

式中，

$$N_{l,1} = \mathrm{e}_1 \left(\cos(P_l L_l) - \frac{\mathrm{i}\Delta k_{\mathrm{SH}}}{2} \frac{\sin(P_l L_l)}{P_l} \right) \tag{3-13}$$

$$N_{l,2} = -\mathrm{i}\mathrm{e}_1 \frac{M_{\mathrm{p}}}{P_l} \sin(P_l L_l) \tag{3-14}$$

$$N_{l,3} = E_{\mathrm{p}}(x_l) = -\mathrm{i}\mathrm{e}_1^* \frac{M_{\mathrm{p}}^*}{P_l} \sin(P_l L_l) \tag{3-15}$$

式（3-12）即前向传输 SHG 过程中耦合波方程的矩阵形式解。

对于反向传输 DFG 过程，倍频光在 x=L 处被双色镜反射，然后与 L 处入射的信号光一起反向传输，并在传输过程中发生差频效应，得到频率 $\omega_{\mathrm{c}} = \omega_{\mathrm{SH}} - \omega_{\mathrm{s}}$ 的转换光。三者相互作用的过程描述如下。

$$\frac{\partial E_{\mathrm{s}}}{\partial x'} = -\mathrm{i}\omega_{\mathrm{s}} \kappa_{\mathrm{DF}} E_{\mathrm{c}}^* E_{\mathrm{SH}} \exp(-\mathrm{i}\Delta k_{\mathrm{DF}} x') - \frac{\alpha_{\mathrm{s}}}{2} E_{\mathrm{s}} \tag{3-16}$$

$$\frac{\partial E_{\mathrm{c}}}{\partial x'} = -\mathrm{i}\omega_{\mathrm{c}} \kappa_{\mathrm{DF}} E_{\mathrm{s}}^* E_{\mathrm{SH}} \exp(-\mathrm{i}\Delta k_{\mathrm{DF}} x') - \frac{\alpha_{\mathrm{c}}}{2} E_{\mathrm{c}} \tag{3-17}$$

$$\frac{\partial E_{\mathrm{SH}}}{\partial x'} = -\mathrm{i}\omega_{\mathrm{SH}} \kappa_{\mathrm{DF}} E_{\mathrm{s}} E_{\mathrm{c}} \exp(\mathrm{i}\Delta k_{\mathrm{DF}} x') - \frac{\alpha_{\mathrm{SH}}}{2} E_{\mathrm{SH}} \tag{3-18}$$

式中，x' 为反向（沿 x 轴负方向）传输 DFG 过程中的晶体长度值，即 $x' = 0$ 对应着 x=L。因为在表达式推导过程中，x 和 x' 的含义相同，所以为了便于表示，在下面的推导过程中用 x 代替 x' 。

在反向传输 DFG 过程中，信号光和倍频光共同参与 DFG 过程，生成并输出转换光。在小信号近似的条件下，$E_{\mathrm{SH}}(x)$ 在反向传输 DFG 过程中恒定。根据 E_{s}、E_{c}、E_{SH} 三者的关系，当忽略反向传输 DFG 过程中的传输损耗时，利用 E_{s}、E_{c} 的一阶偏微分方程，通过与上述类似的推导过程可以计算得出 E_{s}、E_{c} 的矩阵表达式。

以转换光场强 E_{c} 为例，对式（3-17）求二阶偏微分方程，可得到以下表达式。

$$\frac{\partial^2 E_c}{\partial x^2}+\mathrm{i}\Delta k_{DF}\frac{\partial E_c}{\partial x}-M_c M_s^* E_c=0 \tag{3-19}$$

式中，$M_c=\omega_c\kappa_{DF}E_{SH}$，$M_s^*=\omega_s\kappa_{DF}E_{SH}^*$，且 $M_cM_s^*=M_sM_c^*$。式（3-19）的特征方程解如下。

$$\lambda_{1,2}=\frac{-\mathrm{i}\Delta k_{DF}\pm\sqrt{-\Delta k_{DF}^{\ 2}+4M_cM_s^*}}{2}=\frac{-\mathrm{i}\Delta k_{DF}}{2}\pm\mathrm{i}Q\text{，其中 }Q=\sqrt{\frac{\Delta k_{DF}^{\ 2}}{4}-M_cM_s^*} \tag{3-20}$$

推导可得 $E_c(x)=\mathrm{e}^{-\frac{-\mathrm{i}\Delta k_{DF}}{2}x}[C_1\cos(Qx)+C_2\sin(Qx)]$。利用初始值条件，可得到参数，如下。

$$C_1=E_c(0)\text{，}\quad C_2=\frac{-\mathrm{i}M_cE_s^*(x)+\dfrac{\mathrm{i}\Delta k_{DF}}{2}E_c(0)}{P} \tag{3-21}$$

最终得到 $E_c(x)$ 表达式如下。

$$E_c(x_l)=\mathrm{e}_2\left[\cos(Q_lL_l)+\frac{\mathrm{i}\Delta k_{DF}}{2}\frac{\sin(Q_lL_l)}{Q_l}\right]E_c(x_{l-1})-\mathrm{e}_2\mathrm{i}M_c\frac{\sin(Q_lL_l)}{Q_l}E_s^*(x_{l-1}) \tag{3-22}$$

式中，$\mathrm{e}_2=\exp(-\mathrm{i}\Delta k_{DF}L_l/2)$。

对式（3-16）进行同样运算，得到 E_s 表达式如下。

$$E_s(x_l)=-\mathrm{e}_2\mathrm{i}M_s\frac{\sin(Q_lL_l)}{Q_l}E_c^*(x_{l-1})+\mathrm{e}_2\left[\cos(Q_lL_l)+\frac{\mathrm{i}\Delta k_{DF}}{2}\frac{\sin(Q_lL_l)}{Q_l}\right]E_s(x_{l-1}) \tag{3-23}$$

将式（3-22）和式（3-23）整理为矩阵形式，具体如下。

$$\begin{bmatrix}E_c(x_l)\\E_s^*(x_l)\end{bmatrix}=M_l\begin{bmatrix}E_c(x_{l-1})\\E_s^*(x_{l-1})\end{bmatrix}=\begin{bmatrix}M_{l,1}&M_{l,2}\\M_{l,3}&M_{l,1}^*\end{bmatrix}\begin{bmatrix}E_c(x_{l-1})\\E_s^*(x_{l-1})\end{bmatrix} \tag{3-24}$$

式中，

$$M_{l,1}=\mathrm{e}_2\left[\cos(Q_lL_l)+\frac{\mathrm{i}\Delta k_{DF}}{2Q_l}\sin(Q_lL_l)\right] \tag{3-25}$$

$$M_{l,2} = -\mathrm{i}\frac{M_\mathrm{c}}{Q_l}\sin(Q_l L_l)\mathrm{e}_2 \tag{3-26}$$

$$M_{l,3} = \mathrm{i}\mathrm{e}_2^*\frac{M_\mathrm{s}^*}{Q_l}\sin(Q_l L_l)\mathrm{conj}(\mathrm{e}_2) \tag{3-27}$$

式（3-24）即反向 DFG 过程耦合波方程的矩阵形式解。通过式（3-12）和式（3-24），就可以计算得到最终输出的转换光场强 E_c。

2．矩阵解法的证明

与四阶龙格库塔法求解耦合波方程相比，矩阵解法不需要循环迭代，是一种单步解法。在计算 x_l 处（l 表示晶体的第 l 段）的场振幅时，只需要第 l 段晶体的输入位置处的光波相关值即可。因此，在 SHG 过程和 DFG 过程的初始值为已知的情况下，利用式（3-12）、式（3-24）和初始值可以先计算得到 x_1 处的光场，进而得到 $x_2,\cdots,x_l$ 以及最终的场分布。因为 l 值（晶体段数）一般比四阶龙格库塔法中的步数要小很多，所以利用矩阵解法计算简单且高效。

具体来说，当采用四阶龙格库塔法求解耦合波方程时，首先要对晶体的每一段设置合适的步长，步长偏长计算精度将下降，步长偏短则计算效率会下降。计算每一步前，需要获得上一步计算得到的 y_{k+1}、K_1、K_2、K_3、K_4，然后把这 5 个值作为初始值代入计算，再得到下一步的初始值，如此循环，直到晶体的最后一个步长。由此可见，四阶龙格库塔法的迭代运算非常繁复。另外，虽然我们引入了遗传算法用于搜寻最优的极化周期组合，极大缩短了用穷举法搜寻的时间，但遗传算法需要经过多代的优胜劣汰才能找到最佳输出个体，因此遗传算法有较大的计算量。采用矩阵解法可以既不失准确性，又高效地完成对耦合波方程的计算，进而快速得到光波长转换器性能。

考虑到矩阵解法虽然能够简化运算，但也需要具有较高的计算准确性，在此对不同温度下矩阵解法和四阶龙格库塔法的计算结果进行分析和比较，见表 3-2。以基于 3 段结构 PPLN 晶体的双通构型级联 SHG 效应+DFG 效应的光波长转换过程为例，分别用矩阵解法和四阶龙格库塔法来求解光波长转换的耦合波方程，进一步得到对应的光波长转换性能指标，包括转换带宽 $\Delta\lambda$、最大转换效率 η_{max} 和平坦度 F。程序仿真的初始条件为：温度 T=100°C 或 200°C，晶体长度 L=3cm，信号光波长为 1.55μm，功率为 1mW；泵浦光波长为 775nm，功率为 100mW。

表 3-2　不同温度下矩阵解法和四阶龙格库塔法的计算结果

温度/°C	极化周期/μm	矩阵解法 $\Delta\lambda$/nm，η_{max}/dB，F/dB	四阶龙格库塔法 $\Delta\lambda$/nm，η_{max}/dB，F/dB
100	18.715，18.714，18.733	153，−10.37，0.56	153，−10.61，0.55
200	18.294，18.293，18.312	153，−10.85，0.56	153，−11.10，0.56

从表 3-2 可以看出，矩阵解法得到的转换带宽和平坦度，与四阶龙格库塔法得到的结果几乎一致，唯一有明显偏差的是最大转换效率，相差约 0.2dB。图 3-4 和图 3-5 分别为 100℃和 200℃时，两种计算方法得到的转换效率曲线。

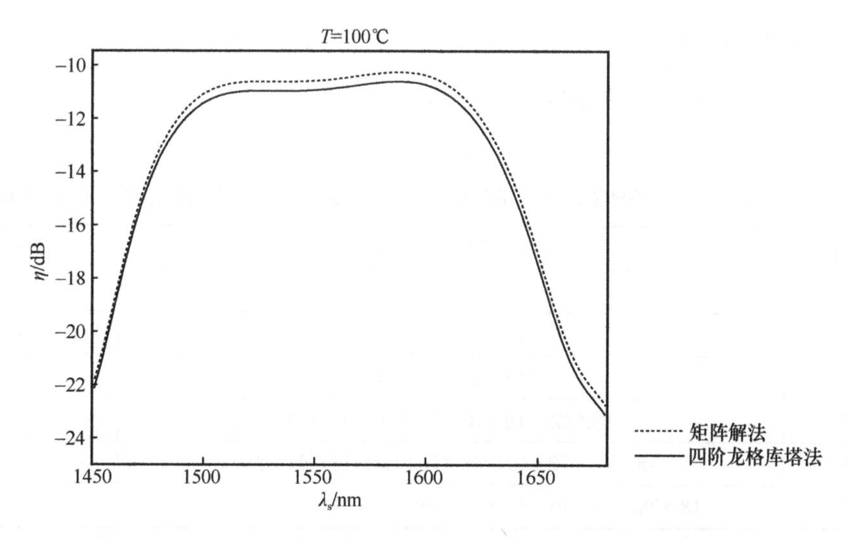

图 3-4　100°C 时矩阵解法和四阶龙格库塔法得到的转换效率曲线

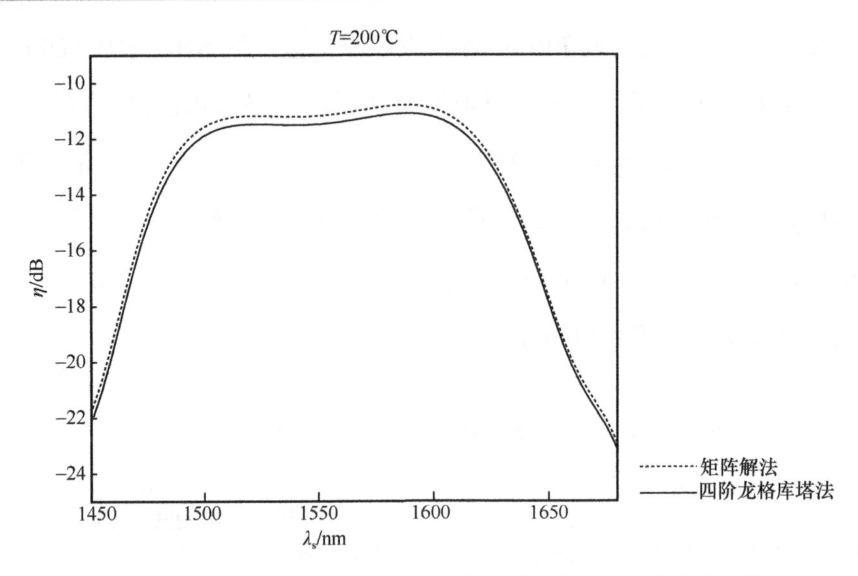

图 3-5　200°C 时矩阵解法和四阶龙格库塔法得到的转换效率曲线

从图 3-4 和图 3-5 可以明显看出，不管在哪个温度下，矩阵解法得到的转化效率曲线与四阶龙格库塔法得到的转换效率曲线非常接近，因此证明了矩阵解法是准确的。

3．双通构型级联 SHG 效应+DFG 效应光波长转换特性

下面对基于均匀分段结构光学超晶格的双通构型级联 SHG 效应+DFG 效应光波长转换过程进行具体的仿真和分析，得到的结构设计参数及转换带宽见表 3-3。双通构型采用的参数与单通构型采用的参数一致。

表 3-3　双通构型级联 SHG 效应+DFG 效应光波长转换过程的结构设计参数及转换带宽

段数	Λ_i/μm（i=1, 2, 3, 4, 5, 6）	$\Delta\lambda$/nm
1	18.514	92
2	18.518，18.515	128
3	18.520，18.515，18.521	156
4	18.522，18.516，18.526，18.519	178
5	18.531，18.519，18.518，18.525，18.523	200
6	18.528，18.520，18.518，18.535，18.513，18.525	219

不同分段情况下双通构型级联 SHG 效应+DFG 效应光波长转换过程的转换效率曲线如图 3-6 所示。

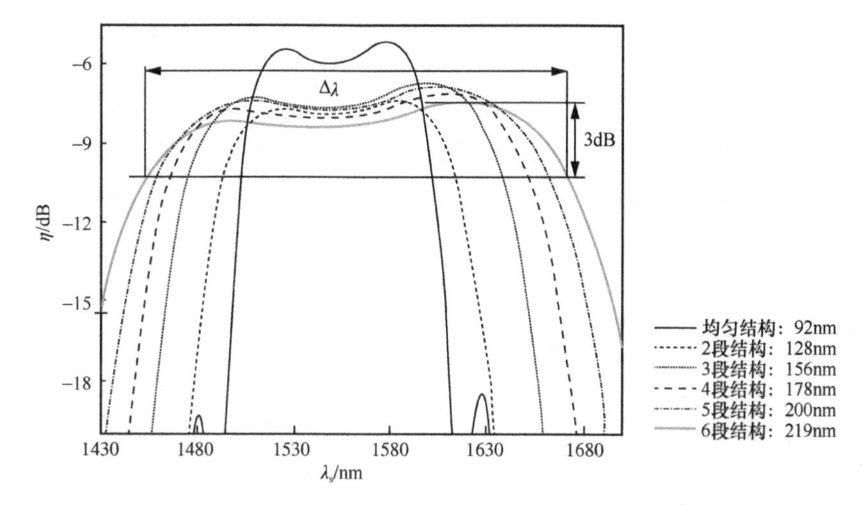

图 3-6 不同分段情况下双通构型级联 SHG 效应+DFG 效应光波长转换过程的转换效率曲线

将双通构型级联 SHG 效应+DFG 效应光波长转换器与单通构型级联 SHG 效应+DFG 效应光波长转换器进行对比，从图 3-2 和图 3-6 可以发现，在同样的工作条件下，当采用 1～6 段光学超晶格结构时，单通构型对应的转换带宽分别是 94nm、131nm、158nm、182nm、202nm、222nm，而双通构型对应的转换带宽分别为 92nm、128nm、156nm、178nm、200nm、219nm。由此可见，无论何种构型，随着光学超晶格所分段数的增加，都会使转换带宽明显增大，且转换效率曲线也比较平坦。另外，双通构型的转换效率值整体比单通构型的转换效率值大，同样是采用 6 段结构，单通构型的最大转换效率为−11.5dB，而双通构型的最大转换效率为−5.8dB，提高了 5.7dB。这是因为在双通构型中，晶体被利用了两次（前向传输和反向传输），所以相应的转换效率值更大。但双通构型的转换带宽比单通构型的转换带宽稍小，段数相同时约减小 3nm。如果适当地牺牲转换效率的话，双通构型的转换带宽将能够大幅度提高。

双通构型下，3 段结构和 6 段结构的转换带宽、最大转换效率和平坦度随着晶体长度的增加所呈现的变化趋势与单通构型类似，如图 3-7 所示。结合前面的分析可知，随着光学超晶格晶体长度的增加，虽然转换效率有所提高，但转换带宽却越来越小。另外，在不同分段情况下，6 段结构对应的转换带宽比 3 段结构对应的转换带宽大，但 6 段结构的最大转换效率及平坦度比 3 段结构的最大转换效率及平坦度稍差。在相同晶体长度和相同段数情况下，与单通构型相比，双通构型的最大转换效率大，约增加 5dB；但是转换带宽稍差，约减小 3nm，不过 3nm 的差距相对上百纳米的转换带宽而言影响很小。整体而言，双通构型比单通构型更有优势。

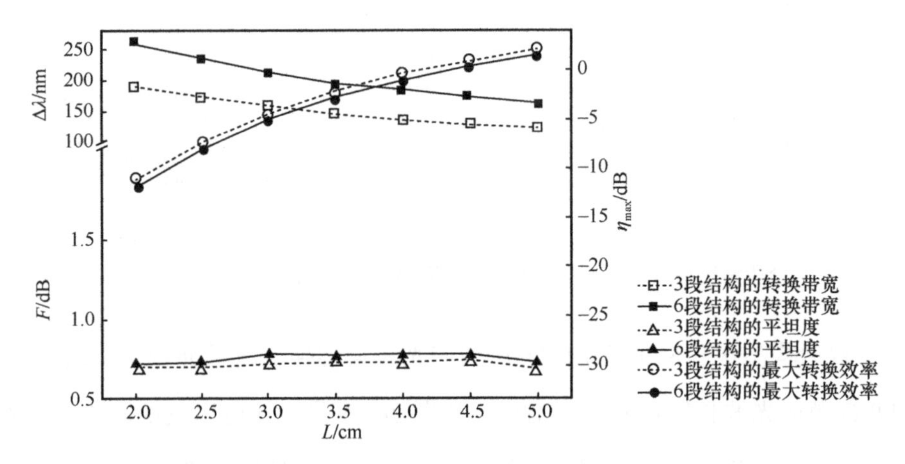

图 3-7　双通构型下 3 段结构和 6 段结构的相关参数随着晶体长度变化而变化的情况

3.2.3　温度变化和极化周期误差的影响

前面对光学超晶格的结构优化设计是在某一个固定温度下进行的。通过研究发现，当工作温度发生变化时，光学超晶格的结构优化设计参数也会随之改变。本小节在综合考虑温度、转换效率、平坦度以及转换带宽等条件下，对均匀分段结构光学超晶格的极化周期参数进行优化设计，并分析相应的光波长转换性能。

1. 温度变化对光学超晶格结构参数的影响

以基于双通构型级联 SHG 效应+DFG 效应的光波长转换方案为例，当考虑温度变化时，均匀分段结构光学超晶格模型如图 3-8 所示。综合考虑带宽和实际晶体制造的复杂度，在此采用 3 段结构。设光学超晶格晶体的总长度 L=3cm；沿着光的传播方向（x 轴正方向）将晶体平均分成 3 段，每段的长度 L_i=1cm；每段晶体都对应一个统一的极化周期，第 i 段的极化周期 $\Lambda_i = f_i(\mathrm{T})(\,i=1,2,3\,)$，表示极化周期随着温度 T 的变化而发生改变。当温度变化时，晶体的结构设计参数也应发生改变。下面通过仿真分析获得晶体的结构参数随温度变化的规律，根据规律来指导光波长转换器的实际应用。

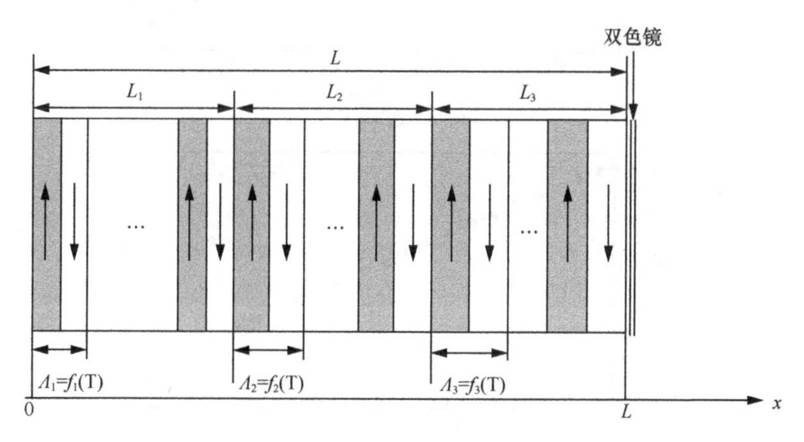

图 3-8　考虑温度变化时的均匀分段结构光学超晶格模型

为了获得尽可能宽且平坦的转换带宽，设置约束条件为：最高转换效率>−10dB，平坦度 $F \leqslant 1\mathrm{dB}$。当不考虑传输损耗的影响时，采用以下初始条件：泵浦光选取初始功率为 100mW 的连续光，波长设定在 0.775μm；信号光的波长在 1450～1680nm 连续变化，功率为 1mW。

在设计光学超晶格结构及分析光波长转换性能时，需要利用 Sellmeier 方程[7]来计算各光波的折射率。根据 Sellmeier 方程的温度适用范围，确定仿真分析过程中的温度范围为 25℃～250℃，首先在 25℃取一个测试点，然后在 30℃～250℃每隔 10℃取一个测试点。重复多次仿真，得到所有温度测试点下光学超晶格的极化周期 Λ_i，以及利用极化周期计算得出的转换带宽。随后在不同的温度下，从转换带宽中找出相对最大的 10 个带宽，获得这 10 个带宽对应的极化周期。极化周期 Λ_i 随温度变化的曲线如图 3-9 所示，其中（a）、（b）和（c）分别对应光学超晶格的第一、二和三段，即 Λ_1、Λ_2 和 Λ_3 随温度变化的曲线。

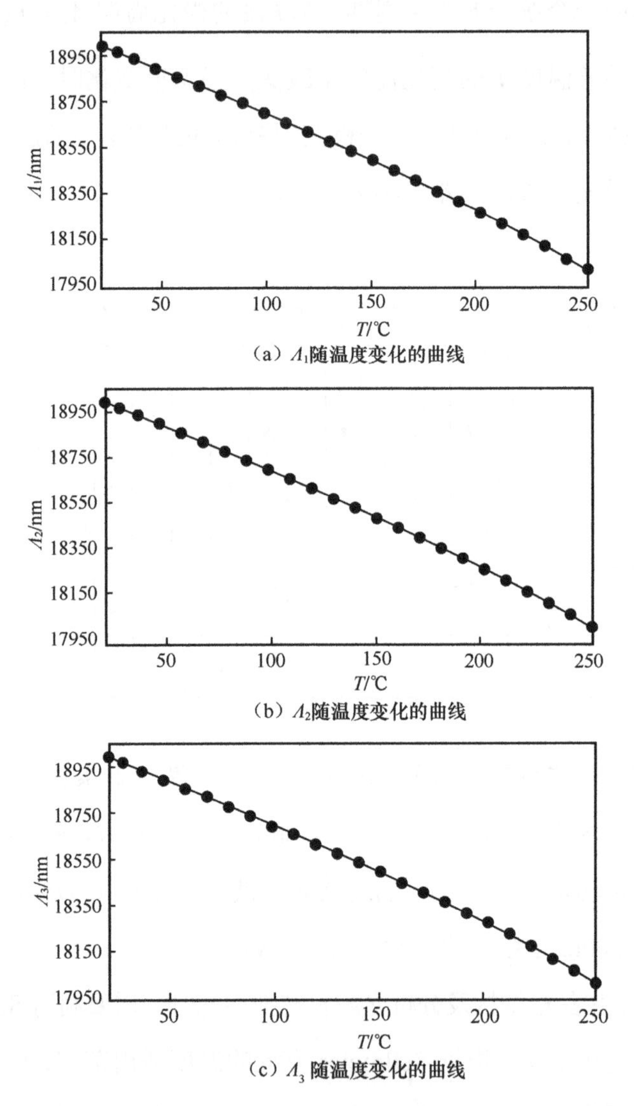

（a）Λ_1随温度变化的曲线

（b）Λ_2随温度变化的曲线

（c）Λ_3 随温度变化的曲线

图 3-9　极化周期 Λ_i 随温度变化的曲线

从图 3-9 中可以看出，随着温度的升高，每段光学超晶格晶体的极化周期都呈现近线性的减小趋势。通过对不同分段所对应的极化周期值进行二次曲线拟合，得到 3 个极化周期随温度变化的关系式如下。

$$\Lambda_1 = 19047.41 - 2.9474T - 0.0416T^2 \tag{3-28a}$$

$$\Lambda_2 = 19067.72 - 3.0915T - 0.0379T^2 \tag{3-28b}$$

$$\Lambda_3 = 19079.91 - 3.1519T - 0.0357T^2 \tag{3-28c}$$

式中，$T \in [25°C, 250°C]$，Λ_1、Λ_2 和 Λ_3 的单位是 nm。

2．不同温度下的光波长转换特性

根据式（3-28）可以获得不同温度下，3 段均匀结构 PPLN 晶体对应的优化极化周期值。分别取 T=25°C、30°C、40°C、50°C……250°C，代入式（3-28）计算各温度下的优化极化周期值，结果见表 3-4。

表 3-4　不同温度下 3 段均匀结构 PPLN 晶体的优化极化周期值

T/°C	Λ_1/μm	Λ_2/μm	Λ_3/μm
25	18.975	18.983	18.986
30	18.962	18.963	18.974
40	18.929	18.932	18.940
50	18.896	18.899	18.905
60	18.859	18.867	18.870
70	18.825	18.832	18.834
80	18.789	18.793	18.802
90	18.750	18.758	18.764
100	18.711	18.720	18.727
110	18.671	18.680	18.688
120	18.633	18.642	18.648
130	18.593	18.601	18.606
140	18.552	18.561	18.564
150	18.509	18.517	18.526
160	18.469	18.478	18.481

续表

T/°C	Λ_1/μm	Λ_2/μm	Λ_3/μm
170	18.429	18.431	18.436
180	18.381	18.388	18.393
190	18.336	18.342	18.351
200	18.292	18.297	19.303
210	18.243	18.252	18.256
220	18.196	18.204	18.212
230	18.152	18.155	18.167
240	18.103	18.107	18.116
250	18.052	18.059	18.068

利用表 3-4 中不同温度下的极化周期值，可以得到 3 段结构的相关参数随温度变化的曲线，如图 3-10 所示。

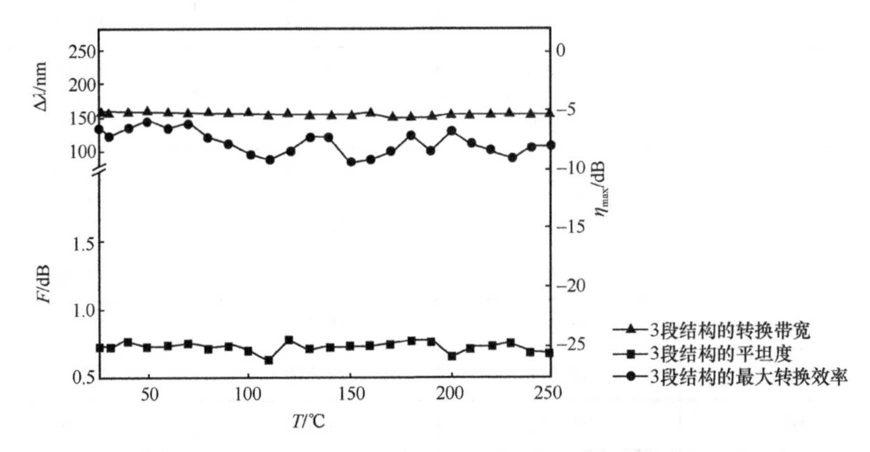

图 3-10　3 段结构的相关参数随温度变化的曲线

从图 3-10 中可以明显看出，利用式（3-28）计算得出的优化极化周期值，3 段结构获得的转换带宽均可超过 150nm，属于超大的转换带宽，并且平坦度都小于 1dB。虽然光波长转换器的最大转换效率随着温度变化有较大的起伏，但整体都高于−10dB，符合设定目标。

综上所述，最优极化周期随温度的变化存在一定的规律。通过拟合得到式（3-28），并利用其设计均匀分段结构 PPLN 晶体每一段对应的极化周期，可以在不同温度下有效地对光波长转换器的转换带宽进行扩展。

3．极化周期误差的影响

由于在实际晶体制造时存在着一定的技术缺陷，因此制造出来的晶体的极化周期与设计值存在一定的误差。下面对在不同温度下，当晶体极化周期出现波动时，相应的光波长转换器的特性进行研究。

鉴于图 3-10 中的各光波长转换特性随温度变化的波动不太大，因此仅研究 150°C 和 220°C 两种情况下的光波长转换特性（即转换带宽 $\Delta\lambda$ 、最大转换效率 η_{max} 、平坦度 F ）随 $\Delta\Lambda_i$ （极化周期的波动）变化的曲线。

150°C 时，光波长转换特性随 $\Delta\Lambda_i$ 变化的曲线如图 3-11 所示。

当 T=150°C 时，转换带宽 $\Delta\lambda$ 、最大转换效率 η_{max} 和平坦度 F 随第一段极化周期的波动 $\Delta\Lambda_1$ 、第二段极化周期的波动 $\Delta\Lambda_2$ 和第三段极化周期的波动 $\Delta\Lambda_3$ 变化的曲线分别如图 3-11（a）～（c）所示。图中，横坐标的 0 点分别对应 150°C 时表 3-4 中的极化周期值 Λ_1 、 Λ_2 和 Λ_3 ，0 点左侧代表极化周期值向减小方向偏离，0 点右侧代表极化周期值向增大方向偏离；左边纵坐标分别是转换带宽 $\Delta\lambda$ 和平坦度 F ；右边纵坐标代表最大转换效率 η_{max} 。从图 3-11 中可以看出，每段极化周期值的波动都会影响转换带宽、最大转换效率及平坦度。在图 3-11（a）中，当 $\Delta\Lambda_1$ 从−5nm 逐渐增加到+5nm 时，最大转换效率从−12.73dB 逐渐增加到−7.25dB；转换带宽逐渐减小，从 163nm 降低到 156nm，变化不大；平坦度在 0.7dB 左右浮动。在图 3-11（b）中，当 $\Delta\Lambda_2$ 增加时，最大转换效率从−9.49dB 逐渐降低到−10.34dB；转换带宽逐渐增大，从 143nm 增加到 167nm，与图 3-11（a）相比变化较大；平坦度也在 0.7dB 左右浮动。在图 3-11（c）中，随着 $\Delta\Lambda_3$ 的增加，最大转换效率从−6.99dB 逐渐降低到−12.29dB；转换带宽逐渐增大，从 147nm 增加到 159nm，与图 3-11（a）相比变化较大；平坦度同样在 0.7dB 左右浮动。

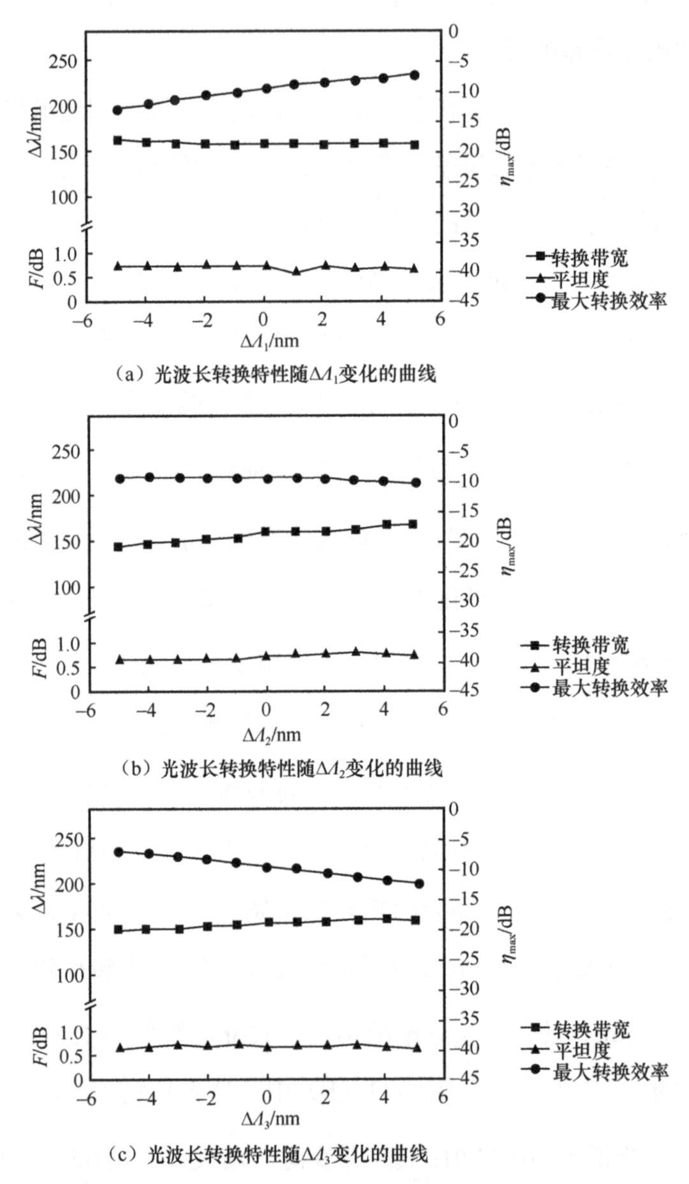

（a）光波长转换特性随$\Delta\Lambda_1$变化的曲线

（b）光波长转换特性随$\Delta\Lambda_2$变化的曲线

（c）光波长转换特性随$\Delta\Lambda_3$变化的曲线

图 3-11　150°C 时，光波长转换特性随 $\Delta\Lambda_i$ 变化的曲线

220°C 时，光波长转换特性随 $\Delta\Lambda_i$ 变化的曲线如图 3-12 所示。

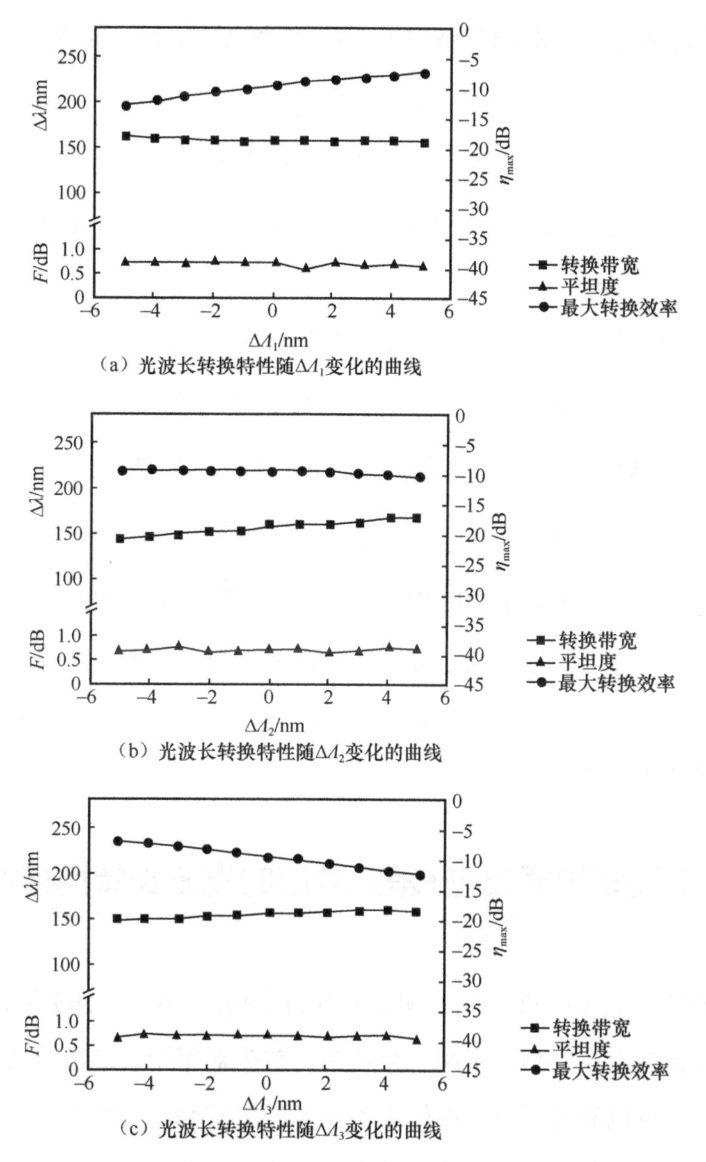

（a）光波长转换特性随$\Delta\Lambda_1$变化的曲线

（b）光波长转换特性随$\Delta\Lambda_2$变化的曲线

（c）光波长转换特性随$\Delta\Lambda_3$变化的曲线

图 3-12　220°C 时，光波长转换特性随 $\Delta\Lambda_i$ 变化的曲线

当 T=220°C 时，再次调整每段的极化周期，得到转换带宽 $\Delta\lambda$ 、最大转换效率 η_{max} 和平坦度 F 随 $\Delta\Lambda_1$ 、$\Delta\Lambda_2$ 、$\Delta\Lambda_3$ 变化的曲线分别如图 3-12（a）～（c）所示。在图 3-12（a）中，当 $\Delta\Lambda_1$ 从−5nm 增加到+5nm 时，最大转换效率从−12.80dB 逐渐增加到−7.26dB；转换带宽逐渐减小，从 164nm 降低到 158nm，变化不大；平坦度

在 0.7dB 左右浮动。在图 3-12（b）中，当 $\Delta\Lambda_2$ 增加时，最大转换效率从−9.31dB 逐渐降低到−10.58dB；转换带宽逐渐增大，从 145nm 增加到 168nm；平坦度也在 0.7dB 左右浮动。在图 3-12（c）中，随着 $\Delta\Lambda_3$ 的增加，最大转换效率从−6.46dB 逐渐降低到−10.35dB；转换带宽逐渐增大，从 149nm 增加到 163nm；平坦度同样在 0.7dB 左右浮动。

对表 3-4 中的其他温度进行仿真，得到转换带宽、最大转换效率和平坦度随 $\Delta\Lambda$ 变化的曲线与 150°C、220°C 时的曲线类似，即：随着 $\Delta\Lambda_1$ 的增加，转换带宽逐渐减小，最大转换效率逐渐增大；随着 $\Delta\Lambda_2$ 的增加，转换带宽逐渐增大，最大转换效率逐渐减小；随着 $\Delta\Lambda_3$ 的增加，转换带宽逐渐增大，最大转换效率逐渐减小；不同温度下的平坦度稍有波动，但变化不大。由此可见，当制造工艺造成各段的极化周期出现波动时，转换带宽和最大转换效率会受到相对较大的影响，但平坦度受到的影响不大。此外，各段的极化周期波动对光波长转换特性的影响规律是不同的。

3.3 基于级联和频效应+差频效应的光波长转换特性

与级联 SHG 效应+DFG 效应光波长转换方案相比，由于在级联 SFG 效应+DFG 效应光波长转换方案中使用了两个泵浦源，首先对每个泵浦源的功率要求减小了，换言之，可以利用两个功率较小的光源产生较强的和频光，或者用两个功率较大的泵浦源获得更高的转换光功率；其次，在非线性相互作用的过程中，使用两个泵浦源增加了可调谐的参数，以更好地满足实际需要。

3.3.1 单通构型

基于单通构型级联 SFG 效应+DFG 效应的光波长转换的基本原理已在第 2 章中给出。在光学超晶格结构设计和性能仿真分析过程中，两束泵浦光的波长分别设置为 1.5125μm 与 1.5875μm（间隔 75nm），它们的功率根据平衡条件[8]分别设为 25.605mW 和 24.395mW；信号光功率为 1mW，信号光波长在 1440～1690nm 变化。在晶体长度 L=3cm，工作温度为 150°C 的条件下，当将晶体分别分为 1～5 段时，通过优化设计每一段的极化周期，得到单通构型级联 SFG 效应+DFG 效应光波长转换过程的结构设计参数，见表 3-5。

表 3-5　单通构型级联 SFG 效应+DFG 效应光波长转换过程的结构设计参数

段数	Λ_1/μm	Λ_2/μm	Λ_3/μm	Λ_4/μm	Λ_5/μm
1	18.492	—	—	—	—
2	18.488	18.487	—	—	—
3	18.494	18.493	18.486	—	—
4	18.497	18.498	18.489	18.485	—
5	18.488	18.490	18.503	18.488	18.489
均匀结构，但泵浦光 2 的波长红移 0.62nm	18.492	—	—	—	—

为了验证均匀分段极化周期结构的优越性，同时也仿真了泵浦光波长位移法[9]对应的转换效率曲线。单通构型级联 SFG 效应+DFG 效应不同段数的转换效率曲线如图 3-13 所示。

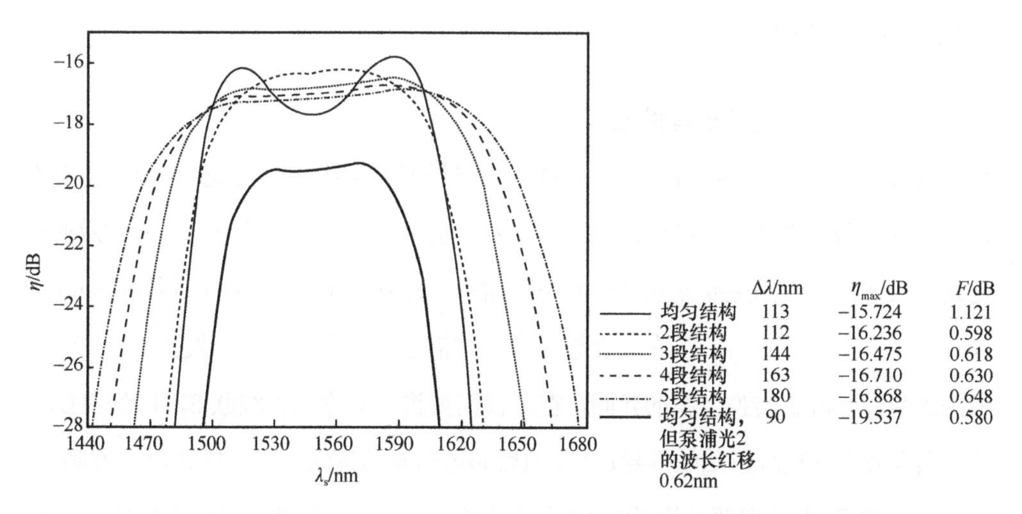

图 3-13　单通构型级联 SFG 效应+DFG 效应不同段数的转换效率曲线

从图 3-13 可以看出，与传统的均匀极化周期结构相比，采用均匀分段结构可以显著地扩展转换带宽并提高平坦度。例如，4 段结构与均匀极化周期结构相比，转换带宽由 113nm 扩展到 163nm；平坦度由 1.121dB 改善为 0.630dB，非常平坦；虽然最大转换效率由−15.724dB 下降为−16.710dB，但最大转换效率的下降可以在实际中通过提高输入泵浦光的功率得到补偿。

泵浦光波长位移法是通过调节一束泵浦光的波长来打破完全相位匹配条件，以牺牲最大转换效率和转换带宽来改善平坦度。在利用此法进行仿真的过程中，泵浦光 ω_{p2} 的波长向长波方向移动（红移），移动距离为获得最好的平坦度时所对应的距离。经过研究，当泵浦光 ω_{p2} 红移 0.62nm 可以获得最好的平坦度，即 0.580dB，只与 4 段结构的平坦度相差 0.05dB，优势不明显；但转换带宽只有 90nm，最大转换效率也下降到−19.537dB。

通过前面的对比分析可以看出，均匀分段结构具有良好的综合光波长转换特性，并且随着段数的增加，转换带宽越来越大，虽然相应的最大转换效率和平坦度都有所下降，但下降程度不大，且最大转换效率可以通过增加泵浦光功率来提高。因此，人们可以根据实际需求，采用不同的段数来获得自己所需的光波长转换特性。

3.3.2 双通构型

1. 耦合波方程的矩阵解法

与双通构型级联 SHG 效应+DFG 效应光波长转换相似，双通构型级联 SFG 效应+DFG 效应光波长转换过程的耦合波方程也可以采用矩阵解法。这两种双通构型光波长转换方案的主要差别是在前向传输中，分别发生的是 SHG 过程和 SFG 过程。反向传输几乎相同，都是和频光/倍频光与信号光在反向传输中发生 DFG 效应。考虑到两种光波长转换方案的异同，在此仅简要说明双通构型级联 SFG 效应+DFG 效应耦合波方程矩阵解法的推导过程，随后通过仿真验证这种解法的优势和准确性。

为了便于读者理解，再次给出了双通构型级联 SFG 效应+DFG 效应光波长转换的耦合波方程。前向传输 SFG 过程的耦合波方程如下。

$$\frac{\partial E_{\mathrm{p1}}}{\partial x}=-\mathrm{i}\omega_{\mathrm{p1}}\kappa_{\mathrm{SF}}E_{\mathrm{p2}}E_{\mathrm{SF}}\exp(-\mathrm{i}\Delta k_{\mathrm{SF}}x)-\frac{\alpha_{\mathrm{p1}}}{2}E_{\mathrm{p1}} \quad (3\text{-}29)$$

$$\frac{\partial E_{\mathrm{p2}}}{\partial x}=-\mathrm{i}\omega_{\mathrm{p2}}\kappa_{\mathrm{SF}}E_{\mathrm{p1}}E_{\mathrm{SF}}\exp(-\mathrm{i}\Delta k_{\mathrm{SF}}x)-\frac{\alpha_{\mathrm{p2}}}{2}E_{\mathrm{p2}} \quad (3\text{-}30)$$

$$\frac{\partial E_{\mathrm{SF}}}{\partial x}=-\mathrm{i}\omega_{\mathrm{SF}}\kappa_{\mathrm{SF}}E_{\mathrm{p1}}E_{\mathrm{p2}}\exp(\mathrm{i}\Delta k_{\mathrm{SF}}x)-\frac{\alpha_{\mathrm{SF}}}{2}E_{\mathrm{SF}} \quad (3\text{-}31)$$

在忽略传输损耗且小信号近似的条件下，由于一般泵浦光 ω_{p1} 和 ω_{p2} 的功率远大于信号光的功率，因此在光波相互作用过程中，泵浦光的功率可被看作常数。此时对方程（3-31）进行二次微分可得以下结果。

$$\frac{\partial^2 E_{\mathrm{SF}}}{\partial x^2}-\mathrm{i}\Delta k_{\mathrm{SF}}\frac{\partial E_{\mathrm{SF}}}{\partial x}+M_{\mathrm{SF}}M_{\mathrm{p2}}^{*}E_{\mathrm{SF}}=0 \quad (3\text{-}32)$$

式中，$M_{\mathrm{SF}}=\omega_{\mathrm{SF}}k_{\mathrm{SF}}E_{\mathrm{p1}}$，$M_{\mathrm{p2}}^{*}=\omega_{\mathrm{p2}}k_{\mathrm{SF}}E_{\mathrm{p1}}^{*}$。该二阶偏微分方程的特征解如下。

$$\lambda_{1,2}=\frac{\mathrm{i}\Delta k_{\mathrm{SF}}\pm\sqrt{-\Delta k_{\mathrm{SF}}{}^{2}-4M_{\mathrm{SF}}M_{\mathrm{p2}}^{*}}}{2}=\frac{\mathrm{i}\Delta k_{\mathrm{SF}}}{2}\pm\mathrm{i}P，\quad P=\sqrt{\frac{\Delta k_{\mathrm{SF}}{}^{2}}{4}+M_{\mathrm{SF}}M_{\mathrm{p2}}^{*}} \quad (3\text{-}33)$$

根据已知条件，最终得到 $E_{\mathrm{SF}}(x_l)$ 处的和频光场分布如下。

$$E_{\mathrm{SF}}(x_l)=\mathrm{e}_1\left[\cos(P_lL_l)-\frac{\mathrm{i}\Delta k_{\mathrm{SF}}}{2}\frac{\sin(P_lL_l)}{P_l}\right]E_{\mathrm{SF}}(x_{l-1})-\mathrm{e}_1\mathrm{i}M_{\mathrm{SF}}\frac{\sin(P_lL_l)}{P_l}E_{\mathrm{p2}}(x_{l-1}) \quad (3\text{-}34)$$

式中，$\mathrm{e}_1=\exp(\mathrm{i}\Delta k_{\mathrm{SF}}L_l/2)$。

同理，对方程（3-30）进行二次微分得到以下结果。

$$\frac{\partial^2 E_{\mathrm{p2}}}{\partial x^2}+\mathrm{i}\Delta k_{\mathrm{SF}}\frac{\partial E_{\mathrm{p2}}}{\partial z}+M_{\mathrm{SF}}M_{\mathrm{p2}}^{*}E_{\mathrm{p2}}=0 \quad (3\text{-}35)$$

最终推导得到$E_{\mathrm{p2}}(x_l)$的表达式如下。

$$E_{\mathrm{p2}}(x_l)=\mathrm{e}_1^*\left[\cos(P_lL_l)+\frac{\mathrm{i}\Delta k_{\mathrm{SF}}}{2}\frac{\sin(P_lL_l)}{P_l}\right]E_{\mathrm{p2}}(x_{l-1})-\mathrm{i}M_{\mathrm{p2}}^*\frac{\sin(P_lL_l)}{P_l}\mathrm{e}_1^*E_{\mathrm{SF}}(x_{l-1}) \tag{3-36}$$

将前向传输 SFG 过程中的E_{SF}、E_{p2}用矩阵形式表示，可得到以下结果。

$$\begin{bmatrix}E_{\mathrm{SF}}(x_l)\\E_{\mathrm{p2}}(x_l)\end{bmatrix}=N_l\begin{bmatrix}E_{\mathrm{SF}}(x_{l-1})\\E_{\mathrm{p2}}(x_{l-1})\end{bmatrix}=\begin{bmatrix}N_{l,1}&N_{l,2}\\N_{l,3}&N_{l,1}^*\end{bmatrix}\begin{bmatrix}E_{\mathrm{SF}}(x_{l-1})\\E_{\mathrm{p2}}(x_{l-1})\end{bmatrix} \tag{3-37}$$

式中，

$$N_{l,1}=\mathrm{e}_1[\cos(P_lL_l)-\frac{\mathrm{i}\Delta k_{\mathrm{SF}}}{2P_l}\sin(P_lL_l)] \tag{3-38}$$

$$N_{l,2}=-\mathrm{e}_1\frac{\mathrm{i}M_{\mathrm{SF}}}{P_l}\sin(P_lL_l) \tag{3-39}$$

$$N_{l,3}=-\mathrm{i}\mathrm{e}_1^*\frac{M_{\mathrm{p2}}^*}{P_l}\sin(P_lL_l) \tag{3-40}$$

式(3-37)即双通构型级联 SFG 效应+DFG 效应光波长转换中前向传输 SFG 过程的矩阵解。

在 x=L 处（超晶格的另一端），和频光被双色镜反射，随后与从此处入射的信号光一起反向传输，通过 DFG 效应生成转换光。反向传输 DFG 过程的耦合波方程如下。

$$\frac{\partial E_{\mathrm{s}}}{\partial x'}=-\mathrm{i}\omega_{\mathrm{s}}\kappa_{\mathrm{DF}}E_{\mathrm{SF}}E_{\mathrm{c}}\exp(-\mathrm{i}\Delta k_{\mathrm{DF}}x')-\frac{\alpha_{\mathrm{s}}}{2}E_{\mathrm{s}} \tag{3-41}$$

$$\frac{\partial E_{\mathrm{c}}}{\partial x'}=-\mathrm{i}\omega_{\mathrm{c}}\kappa_{\mathrm{DF}}E_{\mathrm{SF}}E_{\mathrm{s}}\exp(-\mathrm{i}\Delta k_{\mathrm{DF}}x')-\frac{\alpha_{\mathrm{c}}}{2}E_{\mathrm{c}} \tag{3-42}$$

$$\frac{\partial E_{\mathrm{SF}}}{\partial x'}=-\mathrm{i}\omega_{\mathrm{SF}}\kappa_{\mathrm{DF}}E_{\mathrm{s}}E_{\mathrm{c}}\exp(\mathrm{i}\Delta k_{\mathrm{DF}}x')-\frac{\alpha_{\mathrm{SF}}}{2}E_{\mathrm{SF}} \tag{3-43}$$

与前向传输 SFG 过程同理，反向传输 DFG 过程的耦合波方程的矩阵解如下。

$$\begin{bmatrix} E_c(x_l) \\ E_s^*(x_l) \end{bmatrix} = M_l \begin{bmatrix} E_c(x_{l-1}) \\ E_s^*(x_{l-1}) \end{bmatrix} = \begin{bmatrix} M_{l,1} & M_{l,2} \\ M_{l,3} & M_{l,1}^* \end{bmatrix} \begin{bmatrix} E_c(x_{l-1}) \\ E_s^*(x_{l-1}) \end{bmatrix} \tag{3-44}$$

式中，

$$M_{l,1} = e_2[\cos(Q_l L_l) + \frac{i\Delta k_{DF}}{2Q_l}\sin(Q_l L_l)] \tag{3-45}$$

$$M_{l,2} = -i\frac{M_c}{Q_l}\sin(Q_l L_l)\cdot e_2 \tag{3-46}$$

$$M_{l,3} = ie_2^*\frac{M_s^*}{Q_l}\sin(Q_l L_l) \tag{3-47}$$

式中，$e_2 = \exp(-i\Delta k_{DF} L_l / 2)$，$Q_l = \sqrt{\frac{\Delta k_{DF}{}^2}{4} - M_c M_s^*}$。

式(3-44)即双通构型级联 SFG 效应+DFG 效应光波长转换中反向传输 DFG 过程的矩阵解。

2．矩阵解法的证明

下面对式（3-37）和式（3-44）给出的矩阵解进行验证。以基于 3 段结构的双通构型级联 SFG 效应+DFG 效应的光波长转换过程为例，分别用四阶龙格库塔法和矩阵解法来计算光波长转换的耦合波方程并分析光波长转换性能。程序仿真的初始条件为：温度 T=100°C 或 200°C，晶体长度 L=3cm，信号光 λ_s 的波长范围为 1.45～1.68μm，功率为 1mW；泵浦光 λ_1、λ_2 的波长分别为 1.52μm、1.58μm，功率分别为 70mW 和 100mW。不同温度时矩阵解法和四阶龙格库塔法的计算结果见表 3-6。

表 3-6　不同温度时矩阵解法和四阶龙格库塔法的计算结果

温度/°C	极化周期/μm	矩阵解法 $\Delta\lambda$/nm，η_{max}/dB，F/dB	四阶龙格库塔法 $\Delta\lambda$/nm，η_{max}/dB，F/dB
100	18.7803，18.7023，18.7073	151，−5.68，0.70	151，−5.86，0.72
200	18.3884，18.2844，18.2824	153，−5.52，0.78	153，−5.68，0.78

通过矩阵解法和四阶龙格库塔法，仿真得到 100°C 和 200°C 下的转换效率曲线，分别如图 3-14 和图 3-15 所示。

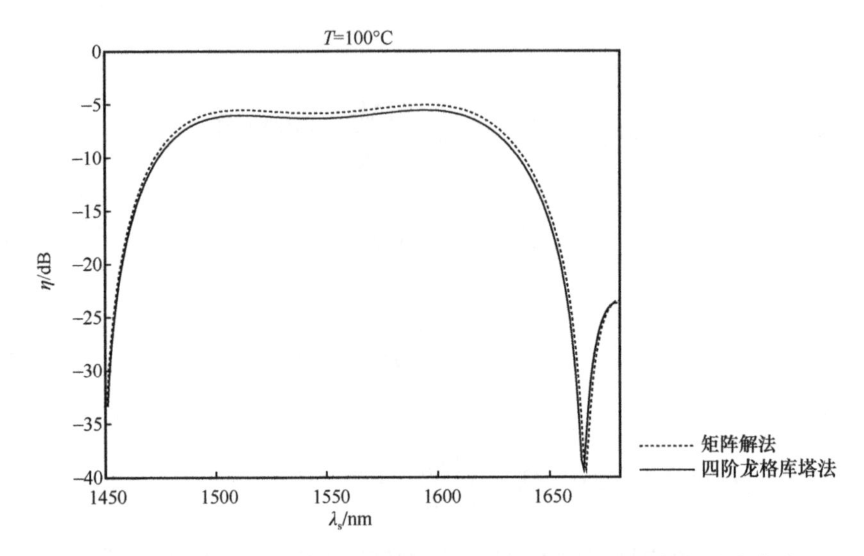

图 3-14　T=100°C 时，矩阵解法和四阶龙格库塔法得到的转换效率曲线

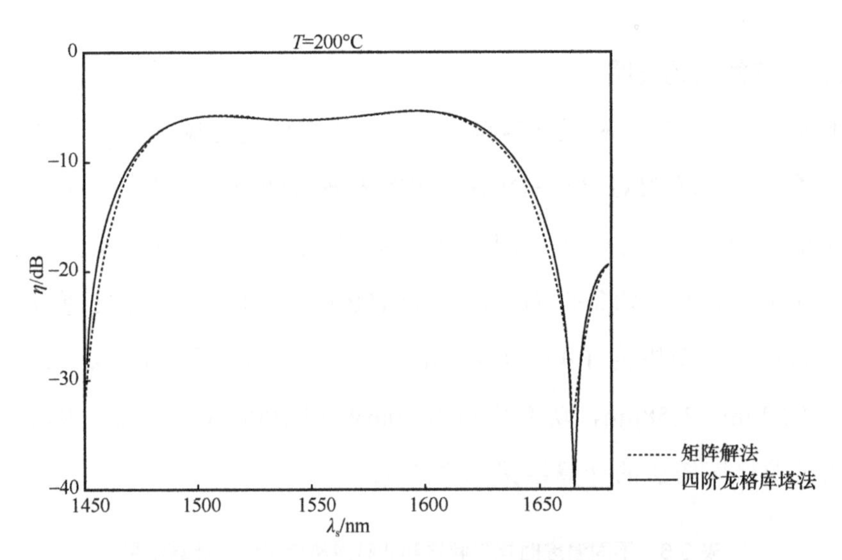

图 3-15　T=200°C 时，矩阵解法和四阶龙格库塔法得到的转换效率曲线

从图 3-14 和图 3-15 中可以看出，对于双通构型级联 SFG 效应+DFG 效应光波长转换过程，矩阵解法得到的转换带宽和平坦度，与四阶龙格库塔法得到的结果几

乎一致，但最大转换效率有一定偏差，相差约 0.1dB，这与双通构型级联 SHG 效应+DFG 效应光波长转换的计算分析结果相似。与双通构型级联 SHG 效应+DFG 效应光波长转换不同的是，在双通构型级联 SFG 效应+DFG 效应光波长转换中，四阶龙格库塔法和矩阵解法计算得到的转换效率曲线的贴合度更好，几乎重合在一起，这证明矩阵解法更适用于分析基于双通构型级联 SFG 效应+DFG 效应的光波长转换性能。

3. 双通构型级联 SFG 效应+DFG 效应光波长转换特性

下面对基于均匀分段结构光学超晶格的双通构型级联 SFG 效应+DFG 效应光波长转换过程进行具体的仿真和分析，得到的结构设计参数见表 3-7，采用的参数与单通构型的参数一致。为了验证在双通构型中，均匀分段结构同样具有优越性，此处也仿真了泵浦光波长位移法对应的转换效率曲线作为对比。

表 3-7　双通构型级联 SFG 效应+DFG 效应光波长转换过程的结构设计参数

段数	Λ_1/μm	Λ_2/μm	Λ_3/μm	Λ_4/μm	Λ_5/μm
1	18.492	—	—	—	—
2	18.487	18.489	—	—	—
3	18.494	18.490	18.487	—	—
4	18.494	18.483	18.490	18.494	—
5	18.492	18.496	18.481	18.486	18.497
均匀结构，但泵浦光 2 的波长红移 0.62nm	18.492	—	—	—	—

双通构型级联 SFG 效应+DFG 效应不同段数的转换效率曲线如图 3-16 所示。

从图 3-16 中可以看出，与单通构型级联 SFG 效应+DFG 效应结果类似，在双通构型中，与单一均匀极化周期结构相比，均匀分段结构具有更大的转换带宽和更好的平坦度，但最大转换效率稍差；与泵浦光波长位移法相比，均匀分段结构具有更大的转换带宽和较好的最大转换效率，且平坦度相差不大。因此在双通构型中，均匀分段结构也具有良好的综合光波长转换特性。通过对比图 3-13 和图 3-16 可以发现，与单通构型相比，在相同的分段情况下，双通构型具有与单通构型几乎相同的平坦度和转换带宽。例如，同样采用 4 段结构，单、双通构型的平坦度分别为 0.630dB 和 0.629dB，转换带宽分别为 163nm 和 161nm，但双通构型的最大转换效率优于单通构型的最大转换效率，分别为 −10.843dB 和−16.710dB，约大 6dB。因此实际中更推荐使用双通构型的基于均匀分段结构光学超晶格的光波长转换器。

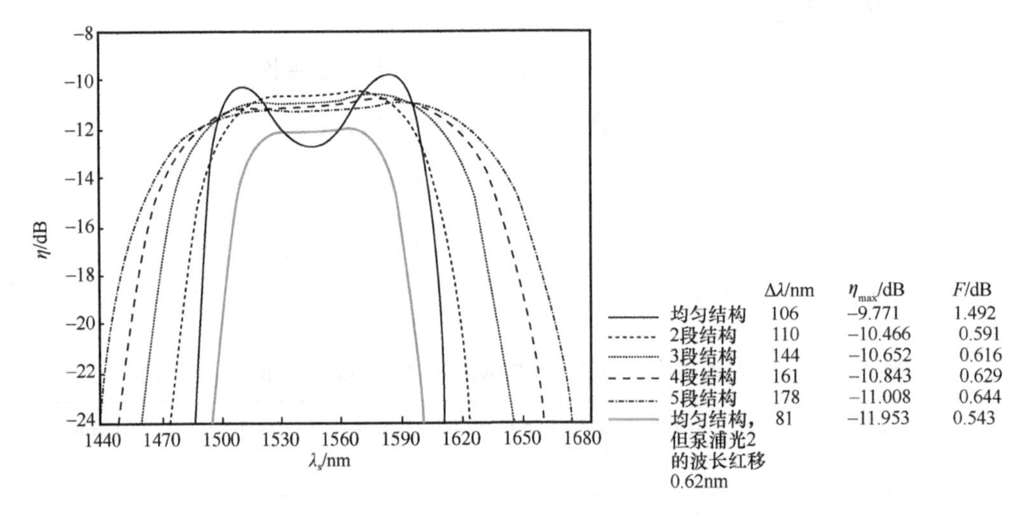

图 3-16　双通构型级联 SFG 效应+DFG 效应不同段数的转换效率曲线

为了进一步验证双通构型的优越性，我们对比分析了晶体长度不同时，单通构型和双通构型的光波长转换特性。当采用 3 段均匀分段结构时，令光学超晶格的长度 L 从 1cm 变化到 5cm，每隔 0.5cm 进行一次仿真实验，得到单、双通构型的光波长转换特性随晶体长度变化的曲线分别如图 3-17 和图 3-18 所示。

从图 3-17 和图 3-18 中可以看出，随着晶体长度的增加，单、双通构型的最大转换效率都在不断地增大，平坦度也有相应地改善，但转换带宽却在逐渐减小。对于相同的晶体长度，双通构型对应的最大转换效率明显大于单通构型的最大转换效率，且转换带宽和平坦度几乎相同，与前面所得的结论一致。

根据以上结果，设计基于均匀分段结构光学超晶格的光波长转换器需要注意以下几点。

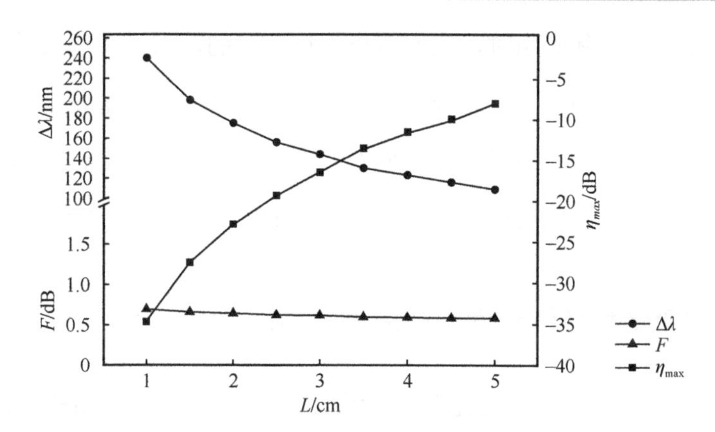

图 3-17　单通构型的光波长转换特性随晶体长度变化的曲线

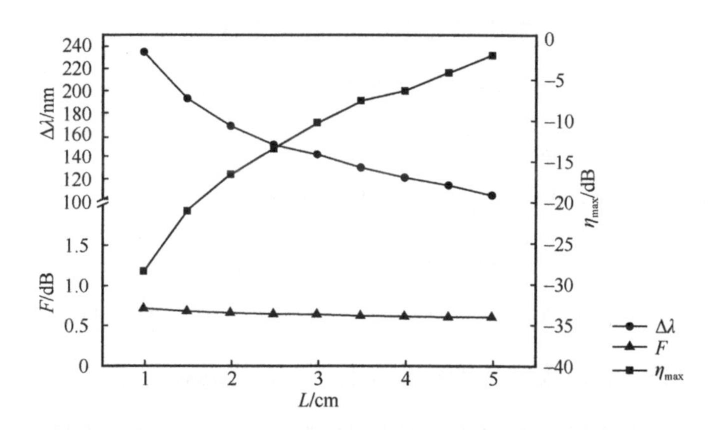

图 3-18　双通构型的光波长转换特性随晶体长度变化的曲线

① 晶体长度的选择。随着晶体长度的增加，转换效率不断增大，平坦度也相应得到改善，但平坦度的改善效果较小，且转换效率的增加效果可以通过提高泵浦光功率来实现。而转换带宽会随着晶体长度的增加而下降，且晶体制造的成本随之增加。因此，实际中推荐使用 3cm 长的晶体。

② 所分段数的选择。随着段数的增加，转换带宽越来越大，转换效率和平坦度虽然变差但下降幅度不大。由于在 3 段结构中，单/双通构型的转换带宽均已达到 140nm，覆盖了全部的 C 波段和 L 波段，以及大部分的 S 波段，已满足大多数光纤通信对带宽的要求；并且考虑到段数继续增加后，晶体制造的复杂度和成本随之变大，因此实际中推荐使用 3 段结构。

综上所述，在实际应用时，人们可以根据自己的需求，通过采用双通构型和均匀分段结构光学超晶格，并合理选择晶体长度和所分段数来获得不同的光波长转换特性。但如果综合考虑最大转换效率、平坦度、转换带宽、晶体制造的复杂度和成本等因素，实际应用推荐使用双通构型的 3cm 长的 3 段结构光学超晶格。

3.3.3 温度变化和晶体长度制造误差的影响

从 3.2 节的介绍可知，当工作温度发生变化时，光学超晶格的最优极化周期参数会受到影响，相应的光波长转换性能也会随之变化。本小节以双通构型为例，继续深入研究温度变化对基于级联 SFH 效应+DFG 效应的光波长转换特性的影响，并设计具有温度稳定性的光波长转换方案。此外，本小节还研究晶体长度制造误差对光波长转换特性的影响。

1. 温度变化对光学超晶格结构参数的影响

基于图 3-8 所示的考虑温度变化时的均匀分段结构光学超晶格模型，假设 PPLN 晶体的总长度 L=3cm。为了得到良好的光波长转换特性，规定光学超晶格结构设计中光波长转换特性的约束条件为：最大转换效率 $\eta_{\max} > -10\text{dB}$，平坦度 $F \leqslant 1\text{dB}$。在传输损耗忽略不计的情况下，仿真初始参数设置为：两束泵浦光 ω_{p1}、ω_{p2} 的波长分别为 1.52μm 和 1.58μm，功率分别为 70mW 和 130mW；信号光的波长在1450～1680nm 变化，其功率取值为 1mW。在以上条件下，对基于双通构型级联 SFG 效应+DFG 效应的光波长转换过程进行仿真。

为了研究温度变化对光学超晶格结构参数的影响，首先在 25°C 取一个测试点，然后在$T \in$[30°C，250°C]每隔 10°C 选取一点来进行测试，并对每个测试点进行多次仿真，从而得到各个测试点下多组极化周期的值和对应的光波长转换特性。然后对每个测试点所得到的转换结果进行比较，综合转换带宽、平坦度、最大转换效率等因素，选取 10 组各测试点下的均匀分段结构光学超晶格的极化周期值 Λ_1、Λ_2 和 Λ_3 以及与它们对应的转换带宽、最大转换效率、平坦度等。最后对每个测试点下的 10 组数据进行二次多项式拟合，得到极化周期 Λ_i 随温度变化的曲线，如图 3-19 所示，其中（a）、（b）和（c）分别对应光学超晶格的第一、二和三段，即 Λ_1、Λ_2 和 Λ_3 随温度变化的曲线。

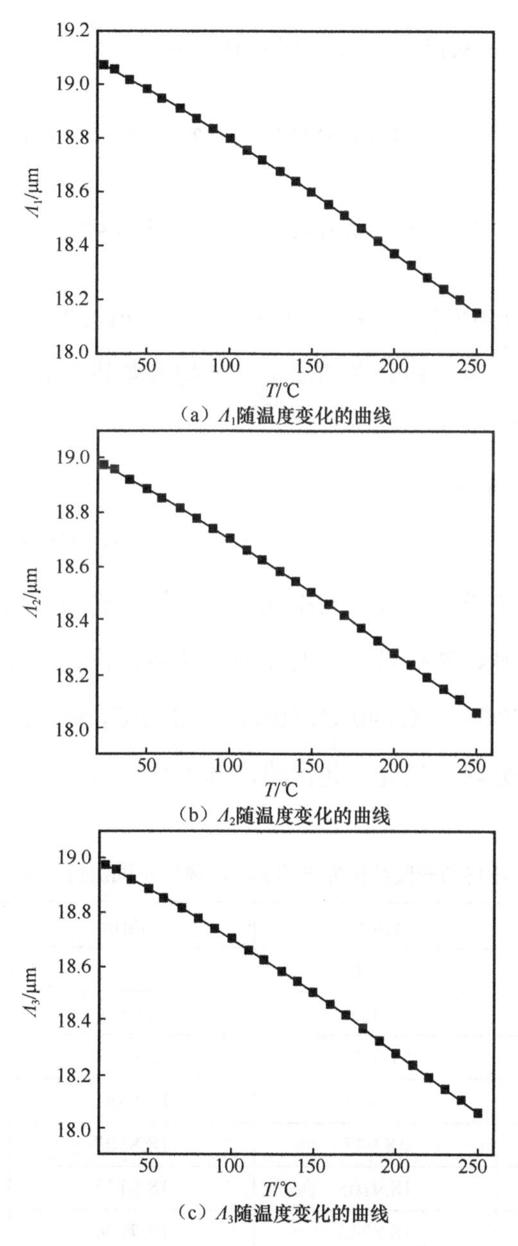

（a）Λ_1随温度变化的曲线

（b）Λ_2随温度变化的曲线

（c）Λ_3随温度变化的曲线

图 3-19 极化周期 Λ_i 随温度变化的曲线

从图 3-19 中可以看出，当温度升高时，每段光学超晶格晶体的极化周期都在变小。通过分别对晶体的 1、2、3 段所对应的极化周期值进行拟合运算，可以得到 Λ_1、Λ_2、Λ_3 与 T 的关系，具体如下。

$$\Lambda_1 = 19.1543 - 3.28012 \times 10^{-3} T - 2.90118 \times 10^{-6} T^2 \tag{3-48}$$

$$\Lambda_2 = 19.0453 - 3.00232 \times 10^{-3} T - 4.01389 \times 10^{-6} T^2 \tag{3-49}$$

$$\Lambda_3 = 19.0460 - 3.01406 \times 10^{-3} T - 3.98481 \times 10^{-6} T^2 \tag{3-50}$$

式中，$T \in$ [25°C，250°C]，Λ_1、Λ_2 和 Λ_3 的单位为 μm。通过式（3-48）～式（3-50）可以对不同温度下 3 段结构光学超晶格的结构参数进行设计，从而获得良好的光波长转换特性。

2. 不同温度下的光波长转换特性

在理想情况下，由式（3-48）～式（3-50）可获得不同温度下 3 段结构光学超晶格的优化结构设计参数，利用此参数设计的光波长转换器应具有最大转换效率高、平坦度好、转换带宽大的光波长转换特性，下面对此进行验证。

分别取温度 25°C、30°C、40°C、50°C……250°C，利用式（3-48）～式（3-50）计算得到 3 段均匀分段结构光学超晶格晶体的极化周期值，结果见表 3-8。

表 3-8　3 段均匀分段结构光学超晶格晶体在不同温度下的极化周期值

T/°C	Λ_1/μm	Λ_2/μm	Λ_3/μm
25	19.0705	18.9677	18.9682
30	19.0533	18.9516	18.952
40	19.0185	18.9188	18.9191
50	18.983	18.8851	18.8853
60	18.947	18.8507	18.8508
70	18.9105	18.8155	18.8155
80	18.8733	18.7794	18.7794
90	18.8356	18.7426	18.7425

续表

T/°C	Λ_1/μm	Λ_2/μm	Λ_3/μm
100	18.7973	18.7049	18.7047
110	18.7584	18.6665	18.6662
120	18.7189	18.6272	18.6269
130	18.6789	18.5868	18.5868
140	18.6382	18.5463	18.5459
150	18.597	18.5046	18.5042
160	18.5552	18.4622	18.4617
170	18.5128	18.4189	18.4184
180	18.4699	18.3478	18.3744
190	18.4263	18.33	18.3295
200	18.3822	18.2843	18.2838
210	18.3375	18.2378	18.2373
220	18.2923	18.1905	18.19
230	18.2464	18.1424	18.142
240	18.2	18.0935	18.0931
250	18.1529	18.0439	18.0434

根据表 3-8 中每个温度下的极化周期值，仿真得出 3 段结构的光波长转换特性随温度变化的曲线，如图 3-20 所示。

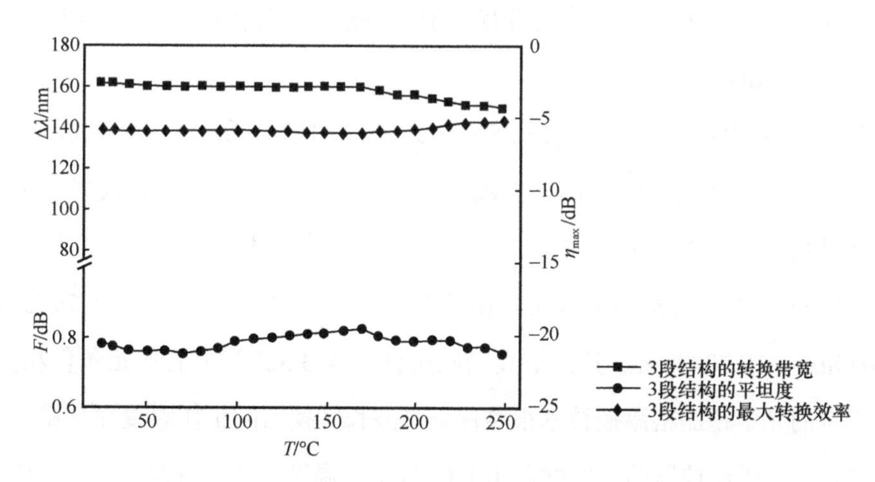

图 3-20　3 段结构的光波长转换特性随温度变化的曲线

从图 3-20 中可以看出，利用式（3-48）～式（3-50）计算出的极化周期值对光波长转换器进行设计后，各温度下的转换带宽、平坦度和最大转换效率都比较良好，符合设定的初始目标。具体来说，各个温度下的转换带宽均大于150nm，大多数温度下的转换带宽可以达到 160nm，并且转换带宽随温度变化比较平稳，没有较大的浮动；各个温度下的平坦度均小于 1dB，在 0.8dB 周围小幅度波动；各个温度下的最大转换效率满足大于−10dB 的约束且远大于−10dB，其数值均处在−6～−5dB，没有较大浮动。

综上，在各个温度下，通过仿真设计的基于 3 段均匀分段结构光学超晶格的双通构型级联 SFG 效应+DFG 效应光波长转换器的性能都达到了预期效果，且在大多数温度下能超过设定的目标。

3. 温度稳定性

由前面可知，在给定工作温度的情况下，利用式（3-48）～式（3-50）可以得到该温度下光学超晶格的结构设计参数，并能得到转换带宽大且平坦度好的光波长转换性能。考虑实际晶体制造工艺和温控技术等仍然存在一定的局限性，工作温度、晶体长度和晶体极化周期参数等与理想值有偏差的情况依然存在，下面将从这 3 个方面对前面设计的光波长转换器进行稳定性分析。达到稳定性要求的标准为：转换带宽大于 140nm，最大转换效率不小于−10dB，平坦度小于 1dB。

从图 3-20 中可知，当温度在 25°C～250°C 变化时，所有温度测试点对应的光波长转换特性都没有大幅明显的波动，所以以 T=100°C 为例，根据此温度下的晶体结构参数对光波长转换器进行设计，然后从上述 3 个方面研究该光波长转换器的稳定性。从表 3-8 可知，100°C 时 3 段极化周期分别为 18.7973μm、18.7049μm、18.7047μm，其他仿真初始条件均与 3.3.2 节中的初始条件相同。

现有的光学超晶格温控技术很难保证光波长转换器的工作温度完全精确而且恒久稳定，一般温控器的准确度在 0.1°C 以上，温度波动时有发生。当工作温度在 100°C 左右波动时，光波长转换器的性能随温度变化的结果如图 3-21 所示。

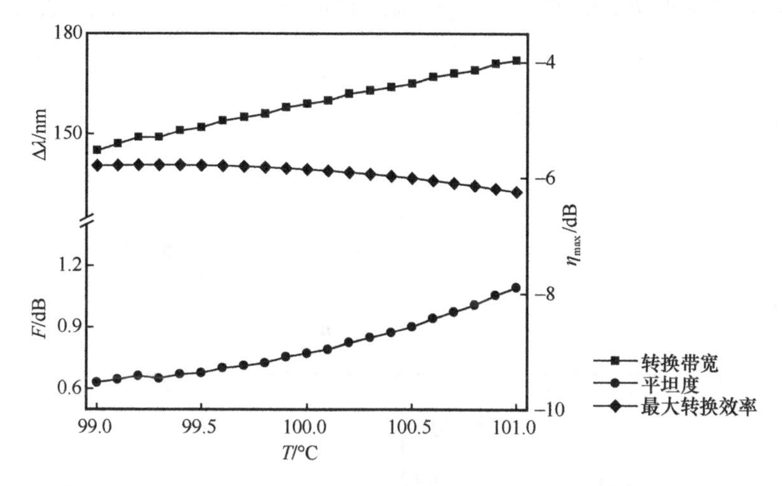

图 3-21　100°C 左右时，光波长转换器的性能随温度变化的结果

从图 3-21 中可以看出，当温度升高时，转换带宽和平坦度均呈现增长趋势，最大转换效率变化幅度不大。具体来说，当 T 在（99°C，100°C）时，转换带宽由 138nm 增加到 172nm；最大转换效率由−5.8dB 降低到−6.2dB；平坦度由 0.6dB 逐渐增加，T>100.7°C 时平坦度超过 1dB。由此可见，温度波动对平坦度的影响较大。

图 3-22 给出了多组温度波动下对应的转换效率曲线。

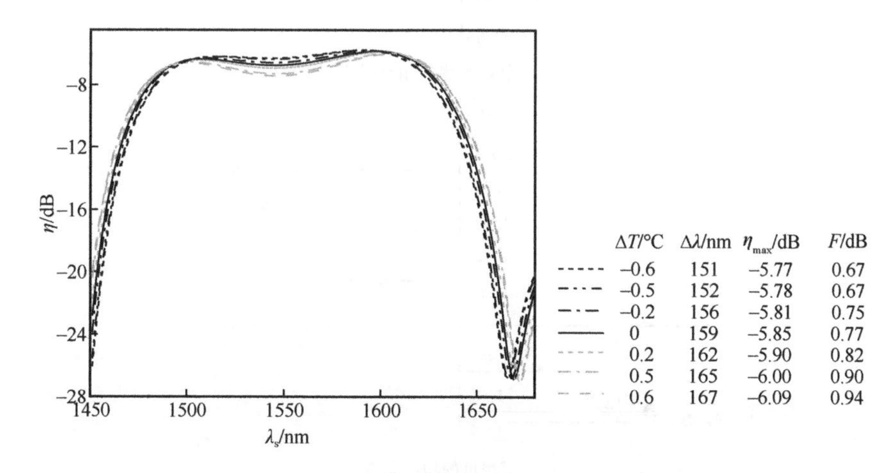

图 3-22　多组温度波动下对应的转换效率曲线

为了更清楚地展示温度带来的影响，我们计算了温度波动时 $\Delta\lambda$、η_{max}、F 的相对误差，如图 3-23 所示。其中横坐标代表温度相对于 100°C 的偏离值，纵坐标分别为 $\Delta\lambda$、η_{max}、F 的相对误差。

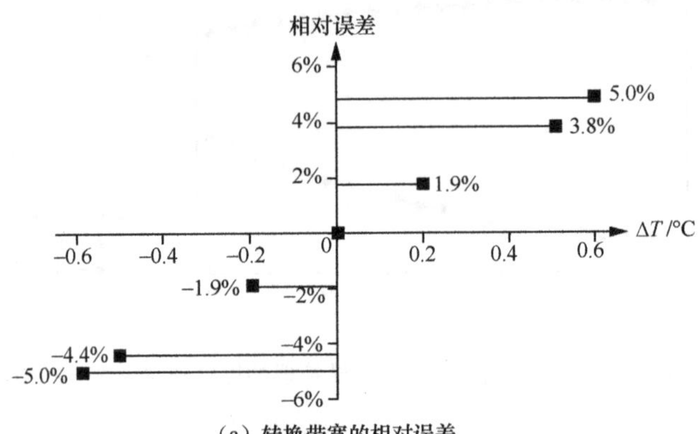

（a）转换带宽的相对误差

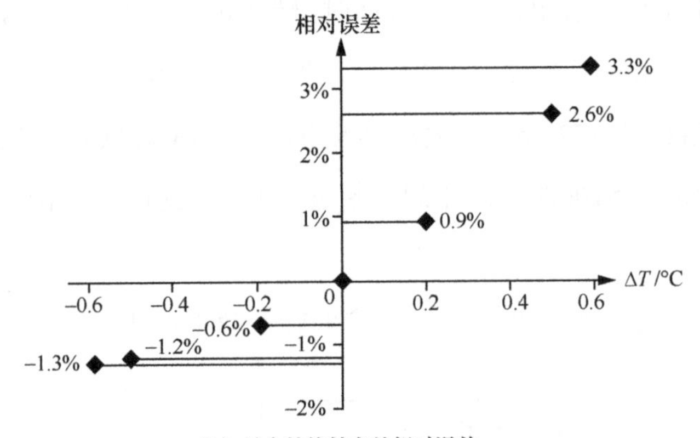

（b）最大转换效率的相对误差

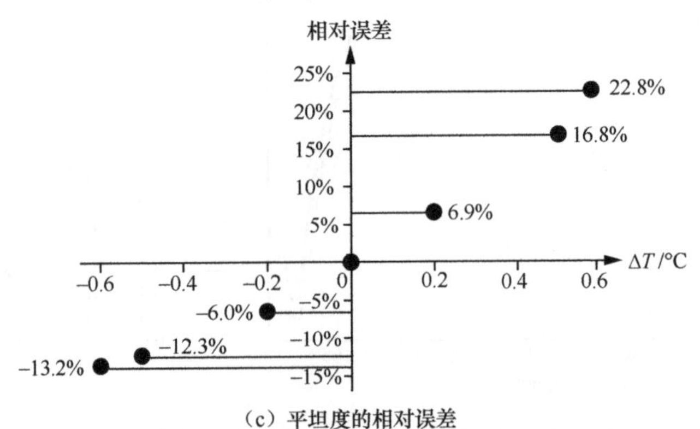

（c）平坦度的相对误差

图 3-23　在 100°C 左右，温度波动时 $\Delta\lambda$、η_{max}、F 的相对误差

在图 3-23 中，当温度波动控制在 0.5°C 以内时，转换带宽 $\Delta\lambda$ 和最大转换效率 η_{max} 的相对误差绝对值分别小于 4.4%和 2.6%，与 100°C 时得到的理想光波长转换性能非常接近。尽管此时平坦度的相对误差绝对值达到 16.8%，但实际的转换效率曲线仍较平坦。当温度波动大于 0.5°C 后，平坦度的相对误差绝对值将达到 22.8%，光波长转换的平坦性将变得较差。

根据上述分析可以得到，当温度波动控制在±0.5°C 以内时，光波长转换器的性能依然能够维持在较为理想的范围内。也就是说，当使用该光波长转换器时，对温控器的精度要求可以有所降低，这对于实际操作非常有利。

4．对晶体长度制造误差的适应性

光学超晶格晶体的长度也是影响光波长转换性能的重要因素。晶体制备工艺的不完善可能会造成实际晶体长度与理想晶体长度有所偏差。下面以晶体长度 L=3cm 为例，分析晶体长度制造误差对光波长转换性能的影响。

晶体长度在 2.2～3.8cm 时，光波长转换性能的变化曲线如图 3-24 所示。

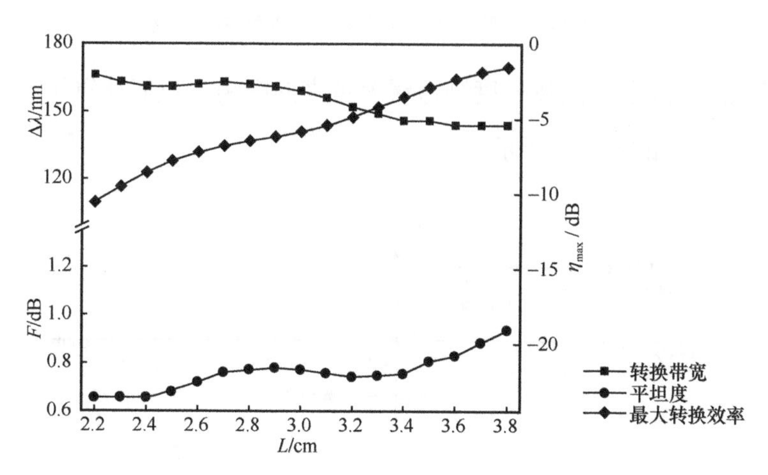

图 3-24　晶体长度在 2.2～3.8cm 时，光波长转换性能的变化曲线

从图 3-24 中可以看出，随着晶体长度的增加，转换带宽不规则减小，最大转换效率增大，平坦度增大。具体而言，L 从 2.2cm 增加到 3.8cm 时，转换带宽由 166nm 降低到 144nm，平坦度虽持续增加但仍小于 1dB。当 L=2.2cm 时，

最大转换效率低于−10dB，已经不能满足我们设置的初始条件。随着晶体长度制造误差的增加，最大转换效率变化得最快。

与分析温度稳定性时类似，图 3-25 给出了多组晶体长度波动下的转换效率曲线。

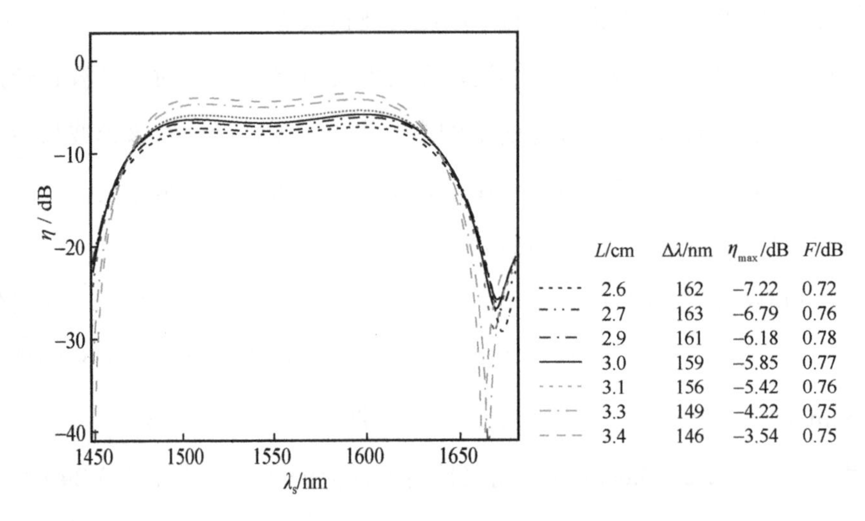

图 3-25　多组晶体长度波动下的转换效率曲线

为了更清楚地展示晶体长度制造误差带来的影响，我们计算了转换性能参数的相对误差，如图 3-26 所示。

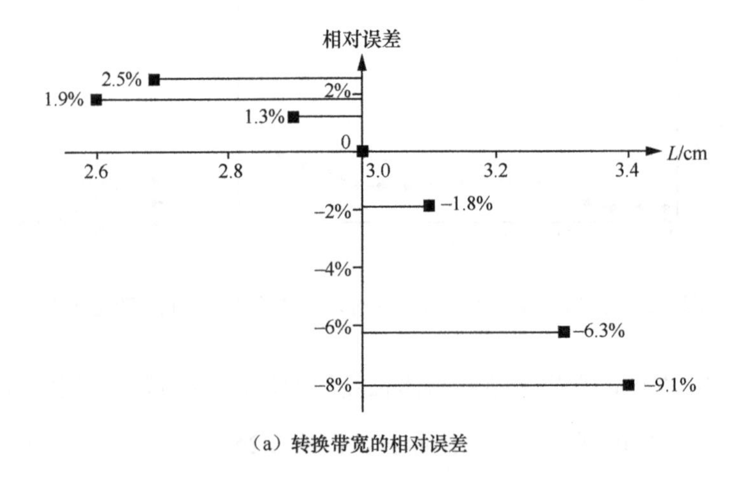

（a）转换带宽的相对误差

图 3-26　在 3cm 左右，晶体长度波动时Δλ、η_{max}、F 的相对误差

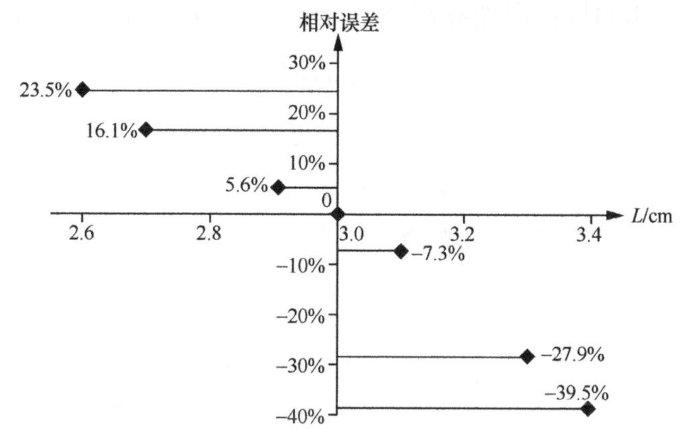

（b）最大转换效率的相对误差

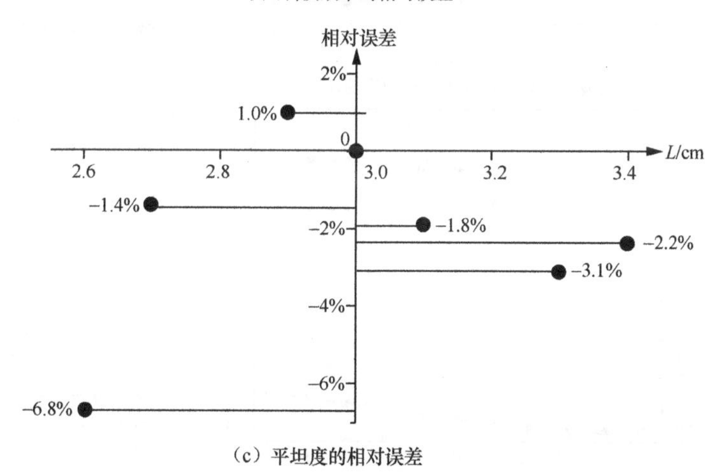

（c）平坦度的相对误差

图 3-26　在 3cm 左右，晶体长度波动时$\Delta\lambda$、η_{max}、F 的相对误差（续）

从图 3-26 可以得出结论，当晶体长度制造误差控制在 0.3cm 内时，$\Delta\lambda$、η_{max}和 F 三者的相对误差绝对值分别小于 6.3%、27.9%、3.1%，性能相对比较稳定。虽然 η_{max} 的相对误差较大，但此时的最大转换效率为−6.79dB，仍较好。考虑到在实际晶体制造过程中，长度误差不会达到 0.3cm，因此可以认为此光波长转换器对晶体长度制造误差具有较好的容忍度，这也间接降低了对晶体制造的工艺要求。

5．对极化周期波动的稳定性

与晶体长度误差类似，由于晶体制造工艺的问题，光学超晶格的极化周期在实际制造时也会存在些许偏差，下面进行相应的稳定性分析。

假设3段晶体的极化周期都在−5～5nm波动，仿真得到相应的转换带宽$\Delta\lambda$、平坦度F以及最大转换效率$\eta_{\max}$随极化周期$\Delta\Lambda_i$变化的曲线，如图3-27所示。

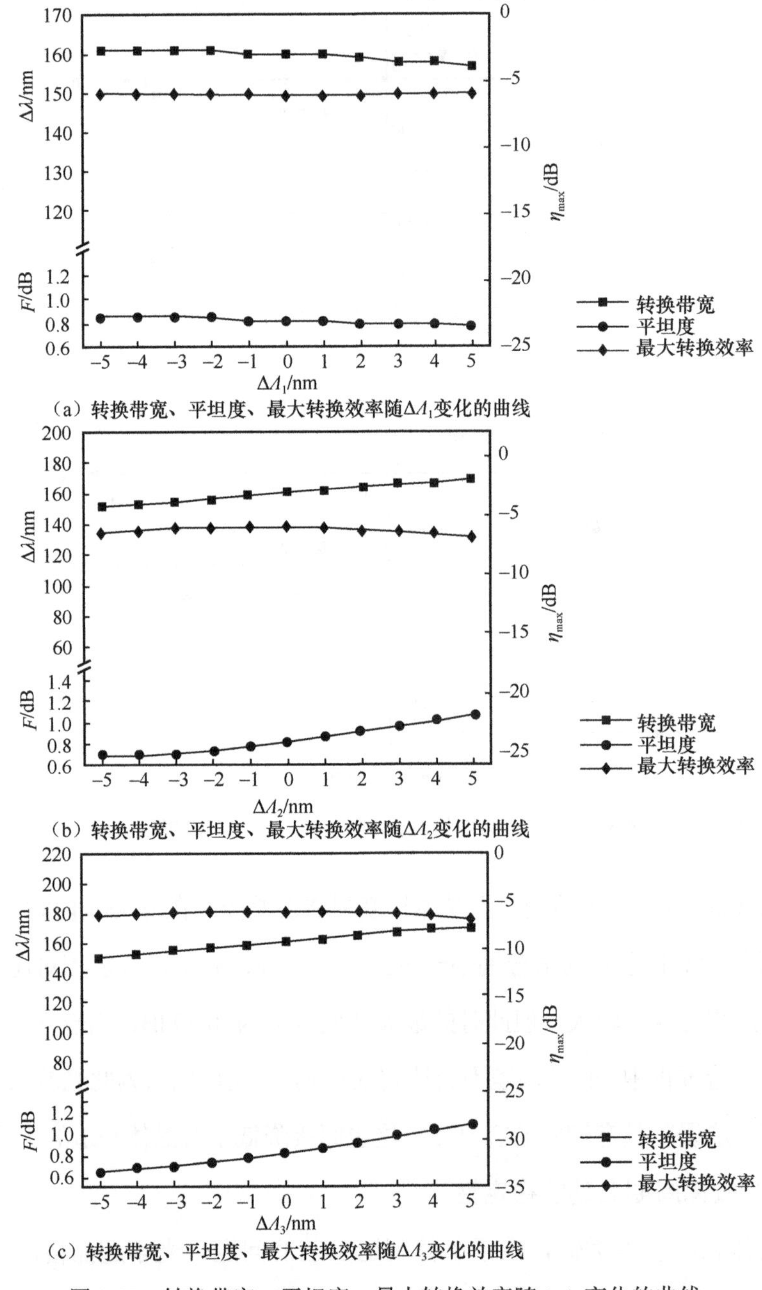

（a）转换带宽、平坦度、最大转换效率随$\Delta\Lambda_1$变化的曲线

（b）转换带宽、平坦度、最大转换效率随$\Delta\Lambda_2$变化的曲线

（c）转换带宽、平坦度、最大转换效率随$\Delta\Lambda_3$变化的曲线

图3-27　转换带宽、平坦度、最大转换效率随$\Delta\Lambda_i$变化的曲线

从图 3-27（a）可以看出，当极化周期误差值在（−5，5）浮动时，转换带宽从 161nm 小幅下降到 157nm；平坦度同样小幅度降低，由 0.86dB 变为 0.77dB；最大转换效率一直在−6dB 上下浮动，较为稳定。在图 3-27（b）中，转换带宽从 151nm 逐渐增加到 169nm；平坦度呈上升趋势，且当 $\Delta\Lambda_2$ 达到 3nm 时，平坦度开始大于 1dB；最大转换效率趋于稳定。图 3-27（c）中的变化情况与图 3-27（b）类似，即转换带宽和平坦度增大，最大转换效率依旧稳定在−6dB 左右。

根据以上的稳定性分析可以得出结论：按照式（3-48）～式（3-50）对光学超晶格的结构进行设计后，此种光学超晶格可以得到最大转换效率高、平坦度好、转换带宽大的光波长转换特性，并且对温度波动、晶体长度和极化周期误差都具有一定的容忍度，综合性能良好。

3.4　本章小结

本章首先介绍了均匀分段结构光学超晶格模型，然后介绍了基于均匀分段结构光学超晶格的不同光波长转换实现方案、相应的光学超晶格结构设计方法和结构参数、光波长转换特性以及温度和晶体长度误差对光波长转换性能的影响。针对双通构型级联 SHG 效应+DFG 效应和双通构型级联 SFG 效应+DFG 效应光波长转换过程，介绍了耦合波方程的矩阵解法，并通过与四阶龙格库塔法进行对比，验证了矩阵解法的正确性。

参考文献

[1] LIU X M，ZHANG H Y，GUO Y L，et al. Optimal design and applications for quasi-phase-matching three-wave mixing[J]. IEEE Journal of Quantum Electronics，2002，38（9）：1225-1233.

[2] LIU T，DJORDJEVIC I B，SONG Z K，et al. Broadband wavelength converters with flattop responses based on cascaded second-harmonic generation and difference fre-

quency generation in bessel-chirped gratings[J]. Optics Express，2016，24（10）：10946-10955.

[3] LIU T，QI Y，CHE L L，et al. Flat broadband wavelength conversion based on cascaded second-harmonic generation and difference frequency generation in segmented quasi-phase matched gratings[J]. Journal of Modern Optics，2012，59（7-8）：650-657.

[4] TEHRANCHI A，KASHYAP R. Flattop efficient cascaded $\chi^{(2)}$ (SFG+DFG)-based wideband wavelength converters using step-chirped gratings[J]. IEEE Journal of Selected Topics in Quantum Electronics，2012，18（2）：785-793.

[5] GAO S M，YANG C X，JIN G F. Conventional-band and long-wavelength-band efficient wavelength conversion by difference-frequency generation in sinusoidally chirped optical superlattice waveguides[J]. Optics Communication，2004，239（4-6）：333-338.

[6] 刘涛，崔洁，张珂，等. 阶梯分段准相位匹配结构的平坦宽带波长转换[J]. 光子学报，2014，43（10）：198-202.

[7] DIETER H J. Temperature-dependent Sellmeier equation for the index of refraction，n(e)，in congruent lithium niobate[J]. Optics Letters，22（20）：1553-1555.

[8] YU S，GU W Y. A tunable wavelength conversion and wavelength add/drop scheme based on cascaded second-order nonlinearity with double-pass configuration[J]. IEEE Journal of Quantum Electronics，2005，41（7）：1007-1012.

[9] GAO S M，YANG C X，XIAO X S，et al. Flattening of cascaded sum- and difference-frequency generation-based wavelength conversion by pump or period detuning[J]. Proceedings of SPIE-The International Society for Optical Engineering，2005，6020：129-131.

第 4 章

阶梯分段结构光学超晶格及其在光波长转换中的应用

本章主要介绍阶梯分段结构光学超晶格模型、其结构参数的优化设计方法，以及基于阶梯分段结构光学超晶格的不同光波长转换方案。

4.1 阶梯分段结构光学超晶格模型

第 3 章介绍了分段结构光学超晶格中的均匀分段结构光学超晶格，其主要特点是：晶体被平均分为 m 段，每段都具有相同的极化周期，但各段的极化周期不同，并且各极化周期之间没有相互关系。本章介绍的阶梯分段结构光学超晶格[1,2]也属于分段结构光学超晶格的一种，其与均匀分段结构光学超晶格的主要区别在于：对于相邻的两段晶体的极化周期，后一段的极化周期相对于前一段的极化周期而言，都是增加或减小一个固定值，这使各段的极化周期之间有了一定的联系，并且各段晶体的长度也不相同。图 4-1 所示为阶梯分段结构光学超晶格的模型。

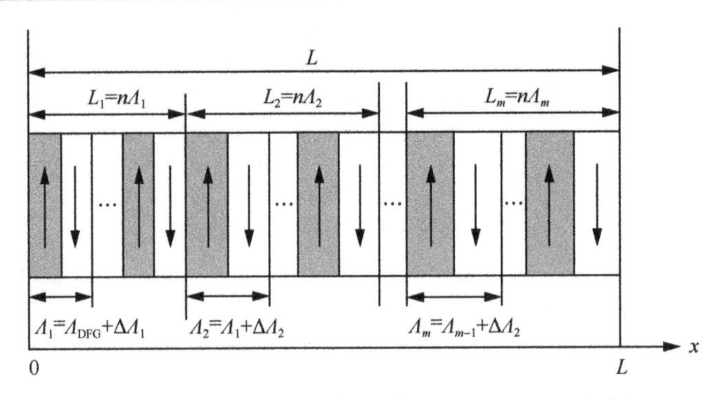

图 4-1　阶梯分段结构光学超晶格的模型

沿着光的传输方向（x 轴正方向），晶体被分成 m 段，每段的极化周期为 Λ_j，每段的长度为 $L_j=n\Lambda_j$。第一段的极化周期 $\Lambda_1=\Lambda_{DFG}+\Delta\Lambda_1$，其中 Λ_{DFG} 为 DFG 过程相位匹配（即 $\Delta k_{DF}=0$）时对应的极化周期，$\Delta\Lambda_1$ 是第一段极化周期的改变量。根据实际发生的二阶非线性效应的不同，Λ_{DFG} 可换为 Λ_{SHG} 或 Λ_{SFG}。第一段之后的每一段的极化周期 Λ_j 相对于其前一段都只改变 $\Delta\Lambda_2$。通过控制 $\Delta\Lambda_1$ 和 $\Delta\Lambda_2$ 这两个参数，光学超晶格可以具有不同的极化周期结构。此时虽然会导致在各段晶体内发生 DFG 效应、SHG 效应或 SFG 效应的光波并不能完全相位匹配，略微地影响最大转换效率，但同时也能使转换带宽得到扩展，平坦度也能被改善。因此，可以利用图 4-1 所示的阶梯分段结构光学超晶格的模型，根据实际中对光波长转换特性的需求来设计 $\Delta\Lambda_1$ 和 $\Delta\Lambda_2$。下面具体分析通过设计结构参数 $\Delta\Lambda_1$ 和 $\Delta\Lambda_2$ 来改善基于阶梯分段结构光学超晶格的光波长转换特性。

4.2　基于差频效应的光波长转换特性

本节对基于 DFG 效应的光波长转换过程中使用的阶梯分段结构光学超晶格进行优化设计，设计的目的是在获得高转换效率的前提下扩展转换带宽，同时保持转换效率曲线的平坦度≤0.2dB。在不考虑传输损耗的影响时，采用的

初始条件为：$P_{p0}=\left|E_p(0)\right|^2$=100mW，$P_{s0}=\left|E_s(0)\right|^2$=1mW，$P_{c0}=\left|E_c(0)\right|^2$=0mW，其中 P 为光功率，泵浦光波长为 0.775 μm，晶体工作温度为 150°C，晶体长度为 3cm。在设置信号光波长为 1.55 μm 的条件下，计算得到 Λ_{DFG}=18.511 μm。

当仅采用单段结构（即 $\Delta\Lambda_2$=0）时，仿真得到极化周期的改变量 $\Delta\Lambda_1$ 对转换效率的影响如图 4-2 所示。

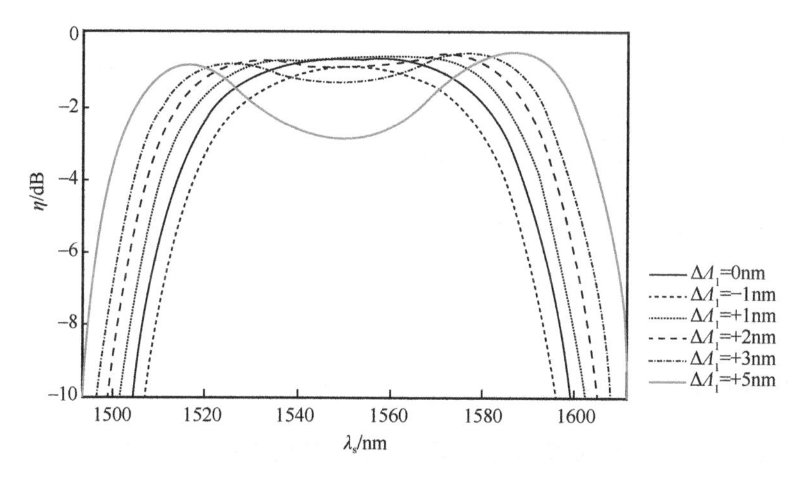

图 4-2　单段结构中不同 $\Delta\Lambda_1$ 对转换效率的影响

从图 4-2 中可以看出，当极化周期下降时（即 $\Delta\Lambda_1=-1\,\text{nm}$），转换效率曲线顶部变得更平坦，但信号光的转换带宽和转换效率也会随之下降。随着极化周期的增加，转换带宽得到扩展，最大转换效率基本不变，但平坦度越来越差。为了获得平坦的光波长转换特性，在平坦度≤0.2dB 的约束条件下，$\Delta\Lambda_1$=+1nm 时，信号光的转换带宽最大，达到 81nm，此时的最大转换效率为−0.56dB（对应的信号光波长 λ_s=1565nm）。如果要保证转换效率的平坦度，则采用传统结构时转换带宽仅为 80nm 左右。如果想要扩展转换带宽，则必须以牺牲平坦度为代价，不过即使如此，转换带宽最大也只能达到 105nm，而此时的平坦度已恶化到 2.4dB，如图 4-2 中 $\Delta\Lambda_1$=+5nm 所示。

图 4-3 为 2 段阶梯分段结构中不同 $\Delta\Lambda_1$ 和 $\Delta\Lambda_2$ 的转换效率曲线。

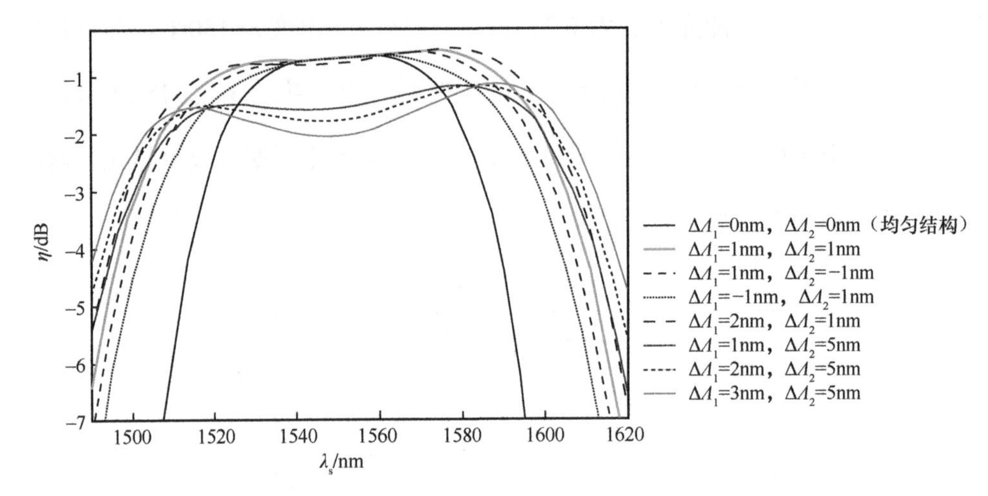

图 4-3　2 段阶梯分段结构中不同 $\Delta\Lambda_1$ 和 $\Delta\Lambda_2$ 的转换效率曲线

从图 4-3 中可以看出，与图 4-2 类似，第一段的极化周期改变量 $\Delta\Lambda_1$ 会影响转换效率的平坦度及转换带宽，$\Delta\Lambda_1$ 减小时平坦度变好，但转换带宽下降；反之，$\Delta\Lambda_1$ 增大时平坦度变差，但转换带宽得到扩展。与图 4-2 不同的是，图 4-3 采用的为阶梯分段结构，所以除了 $\Delta\Lambda_1$ 外，极化周期的阶梯变化量 $\Delta\Lambda_2$ 也会对转换效率有影响。当 $\Delta\Lambda_1$ 相同时，随着 $\Delta\Lambda_2$ 的减小，平坦度会得到改善，但转换带宽下降；而随着 $\Delta\Lambda_2$ 增大，平坦度变差，但转换带宽变大。此外，$\Delta\Lambda_2$ 还会影响转换效率的大小，无论 $\Delta\Lambda_2$ 增大还是减小，转换效率都会下降，如图 4-3 中 $\Delta\Lambda_2$ =5nm 的 3 条曲线所示。从上述分析可知，为了得到较大的转换效率，极化周期的阶梯变化量 $\Delta\Lambda_2$ 应保持在一个小的变化范围内，此时可以通过合理地设计 $\Delta\Lambda_1$ 和 $\Delta\Lambda_2$ 两个参数获得高效、平坦的光波长转换特性。对于 2 段阶梯分段结构，在平坦度≤0.2dB 的约束条件下，$\Delta\Lambda_1$ =1nm、$\Delta\Lambda_2$ =1nm 时，信号光的转换带宽最大，达到 111nm，最大转换效率为−0.56dB（λ_s=1571nm）。

该结果与单段结构相比，不仅可以保持最大转换效率和平坦度基本不变，而且将转换带宽扩展了 30nm。

为了获得更大的转换带宽，可以进一步增加所分的段数。图 4-4 为 3 段阶梯分段结构中不同 $\Delta\Lambda_1$ 和 $\Delta\Lambda_2$ 的转换效率曲线。

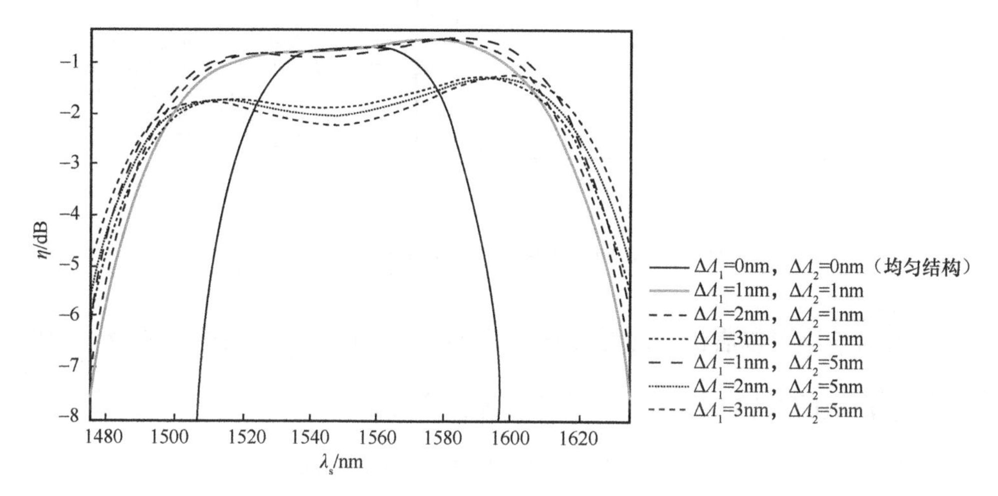

图 4-4　3 段阶梯分段结构中不同 $\Delta\Lambda_1$ 和 $\Delta\Lambda_2$ 的转换效率曲线

与 2 段阶梯分段结构相比，3 段阶梯分段结构的转换带宽进一步得到了扩展。在平坦度≤0.2dB 的约束条件下，$\Delta\Lambda_1$ =1nm、$\Delta\Lambda_2$ =1nm 时 3 段阶梯分段结构的转换带宽达到最大，为 134nm，此时最大转换效率为−0.55dB（λ_s =1577nm），转换带宽比 2 段阶梯分段结构的转换带宽大 23nm。$\Delta\Lambda_1$ 和 $\Delta\Lambda_2$ 对光波长转换特性的影响与图 4-3 类似，但当段数 *m* 增加时，$\Delta\Lambda_2$ 的变化会明显影响转换效率。如当 $\Delta\Lambda_1$ =1nm、$\Delta\Lambda_2$ 分别为 1nm 和 5nm 时，2 段阶梯分段结构的最大转换效率相差 0.63dB，而 3 段阶梯分段结构的最大转换效率却相差 0.72dB。所以多段阶梯分段结构虽然转换带宽更大，但为了获得高转换效率，应注意控制阶梯变化量 $\Delta\Lambda_2$ 的变化范围。

在平坦度≤0.2dB 的约束条件下，不同阶段分段结构的效率转换曲线如图 4-5 所示。

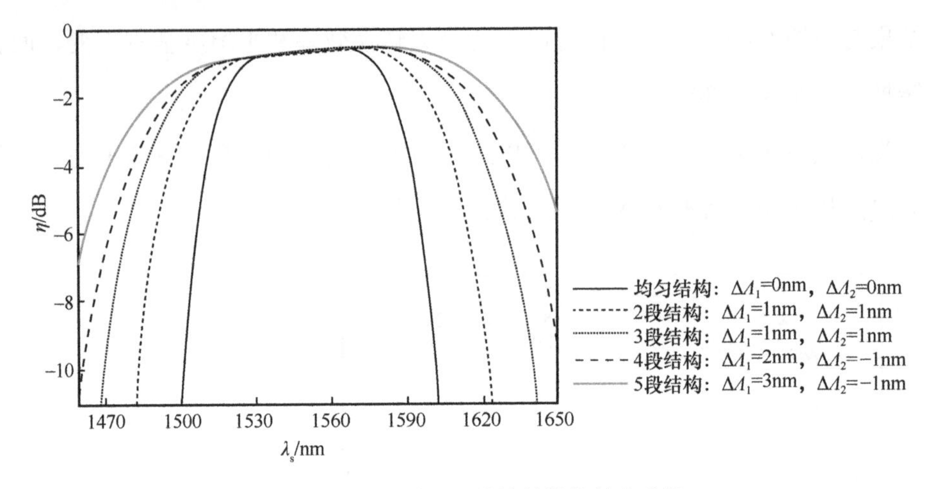

图 4-5　不同阶梯分段结构的转换效率曲线

从图 4-5 中可以看出，通过合理设计 $\Delta\Lambda_1$ 和 $\Delta\Lambda_2$，不仅转换效率及平坦度不会随着段数的增加而恶化，信号光的转换带宽也会持续增加。5 段阶梯分段结构的转换带宽达到 166nm，比传统的均匀周期结构提高了 85nm，可以覆盖全部的 C 波段、L 波段及部分 S 波段、U 波段。与采用级联 SFG 效应+DFG 效应和阶跃啁啾光栅（SCG）结构的设计[2]相比，该结果不仅保持了相同的平坦度，同时随着段数的增加，最大转换效率和转换带宽也不会下降。此外，在相同条件下，最大转换效率及转换带宽也要大很多，如当晶体长度为 3cm 时，同样是 5 段阶梯分段结构，此处的最大转换效率和转换带宽分别约为−0.55dB（λ_s=1580nm）和 166nm，而采用级联 SFG 效应+DFG 效应和 SCG 结构的最大转换效率和转换带宽分别约为−15dB（λ_s=1523nm）和 95nm。

前面的分析过程都没有考虑传输损耗 α 的影响，而实际上，传输损耗会引起转换效率的下降（L=3cm 时降低约 2dB），但对转换带宽及平坦度几乎没有影响[3]。所以前面所给的光学超晶格结构优化设计参数对于引入传输损耗后如何获得平坦的光波长转换特性同样适用。此外，虽然增加段数可以获得更大的转换带宽，但也相应地增加了光学超晶格的制造难度和成本，因此应根据实际情况合理选取光学超晶格所分的段数。

当晶体的长度为 3cm 时，对比分析同样采用 DFG 效应的阶梯分段结构、均匀分段结构[4]和正弦啁啾光学超晶格（SCOS）结构[5]对光波长转换特性的影响，结果见表 4-1。

表 4-1 不同光学超晶格结构基于 DFG 效应的光波长转换特性

不同光学超晶格结构	$\Delta\lambda_s$/nm	η_{max}/dB	F/dB
阶梯分段结构	134	−0.55	0.2
均匀分段结构	150	−0.96	0.8
SCOS 结构	103	−2.29	0.42

阶梯分段结构、均匀分段结构和 SCOS 结构的转换效率曲线如图 4-6 所示。

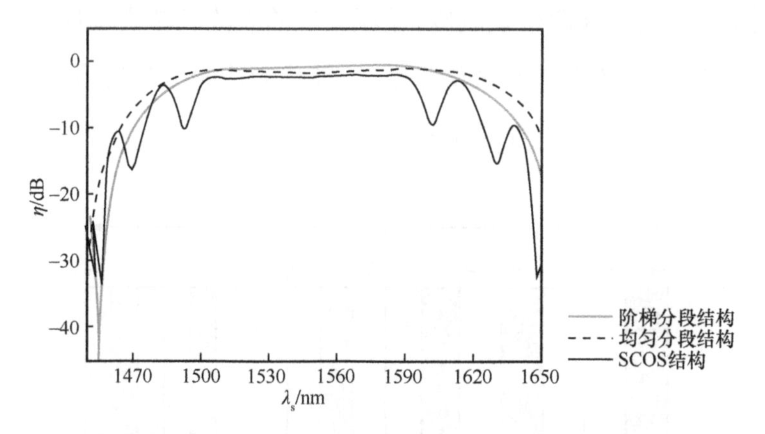

图 4-6 阶梯分段结构、均匀分段结构和 SCOS 结构的转换效率曲线

当晶体被分为 3 段时，与均匀分段结构相比，阶梯分段结构的转换带宽稍差，但也达到 134nm，同时能够获得更大的转换效率，且转换效率曲线十分平坦。与 SCOS 结构相比，阶梯分段结构在转换效率、转换带宽和平坦度方面都占优势，分别高出 76%、30%和 52%。此外，阶梯分段结构在结构上更简单，所以在实际中更易制造。通过上述对比分析能够看出，阶梯分段结构光学超晶格具有良好的综合特性，是获得高效、平坦、带宽大的光波长转换特性的较佳选择。

从以上结果可以得到结论，当使用阶梯分段结构光学超晶格进行光波长转换时，通过增加阶梯段数、合理设计起始段极化周期的变化量参数及相邻段之间的阶梯变化量参数，不仅能够极大地扩展信号光转换带宽，也能够在控制增益起伏低于 0.2dB 的同时获得较大的转换效率。综上所述，基于阶梯分段结构光学超晶格的光波长转换器不仅具有良好的综合光波长转换特性，而且结构简单，易于制造。

4.3 基于级联倍频效应+差频效应的光波长转换特性

为了证明阶梯分段结构光学超晶格同样适用于其他光波长转换方案，我们利用该结构对基于级联倍频效应+差频效应的光波长转换过程进行了研究。为了与 4.1 节区分，本节在级联倍频效应+差频效应光波长转换过程中使用图 4-7 所示的阶梯分段结构光学超晶格。

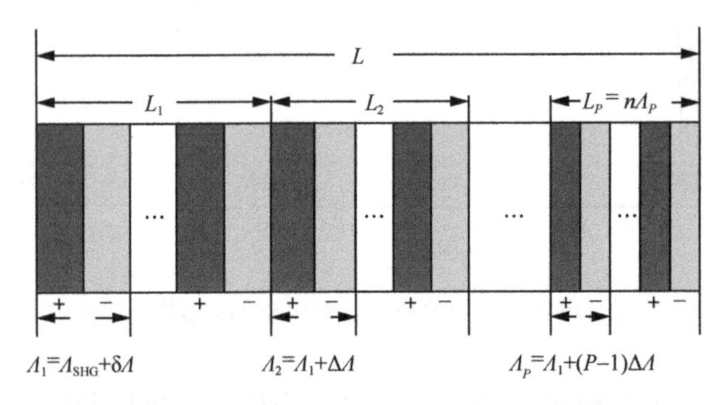

图 4-7 级联倍频效应+差频效应光波长转换过程中使用的阶梯分段结构光学超晶格

与图 4-1 所示的阶梯分段结构光学超晶格类似，沿着光的传输方向晶体被分成 P 段，每段都有统一的极化周期 Λ_P，每段的长度为 $L_P=n\Lambda_P$。第一段的极化周期 $\Lambda_1=\Lambda_{SHG}+\delta\Lambda$，其中 Λ_{SHG} 是泵浦光波长为 1550nm 且相位匹配（即 $\Delta k_{SHG}=0$）时的极化周期，$\delta\Lambda$ 是第一段极化周期的改变量。第一段以后的每一段的极化周期 Λ_P 相对于其前一段都只改变 $\Delta\Lambda$，调整精度为 1nm。

4.3.1　单通构型

假设光学超晶格的长度为 3cm，泵浦光的初始功率为 100mW，波长为 1550nm；信号光的波长在 1450～1650nm 连续变化，功率为 1mW；晶体的工作温度为 150°C。在此条件下，仿真得到单通构型级联 SHG 效应+DFG 效应采用单一均匀极化周期（即不分段）时不同 δΛ 对应的转换效率曲线，如图 4-8 所示。

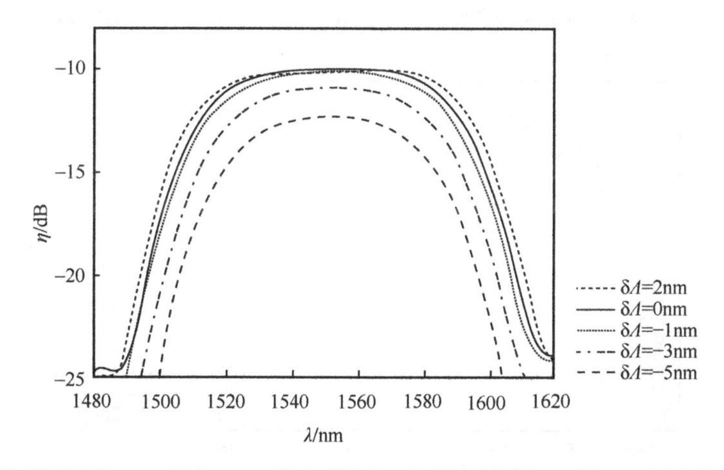

图 4-8　单通构型级联 SHG 效应+DFG 效应采用单一均匀极化周期时不同 δΛ 对应的转换效率曲线

从图 4-8 中可以看出，δΛ<0nm 时，随着 δΛ 的减小，转换效率曲线顶部变得更平坦，但转换带宽相应减小，并且最大转换效率也降低。当 δΛ>0nm 时，转换带宽得到了扩展，最大转换效率基本不变，但曲线的平坦度变差了。当 δΛ=2nm 时，转换带宽约为 90nm，比 δΛ=0nm 时增加了 8nm；最大转换效率约为−9.986dB，与 δΛ=0nm 时相差无几；虽然平坦度比 δΛ=0nm 时较差，但此时的平坦度仍<0.2dB，较平坦。当 δΛ 继续增加时，曲线将变得越来越不平坦，直至无法满足设计要求。上述结果与基于 DFG 效应时的结果类似。

图 4-9 和图 4-10 分别描述了 2 段阶梯分段结构和 3 段阶梯分段结构时，不同 δΛ 和 ΔΛ 结构参数下的转换效率曲线。

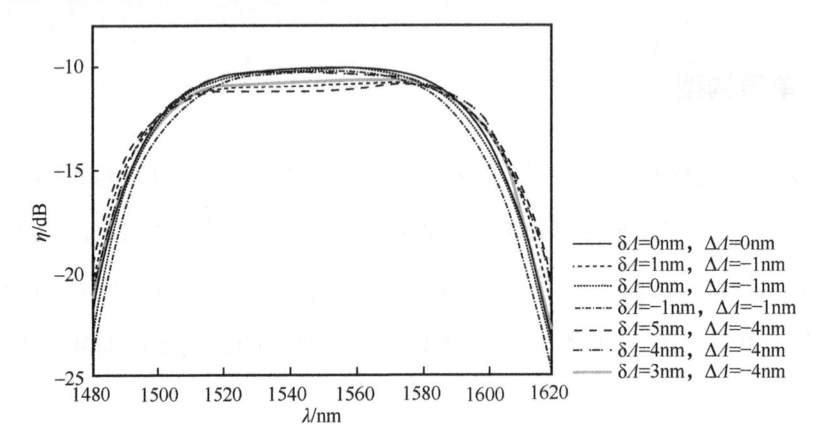

图 4-9　2 段阶梯分段结构时不同 $\delta\Lambda$ 和 $\Delta\Lambda$ 对应的转换效率曲线

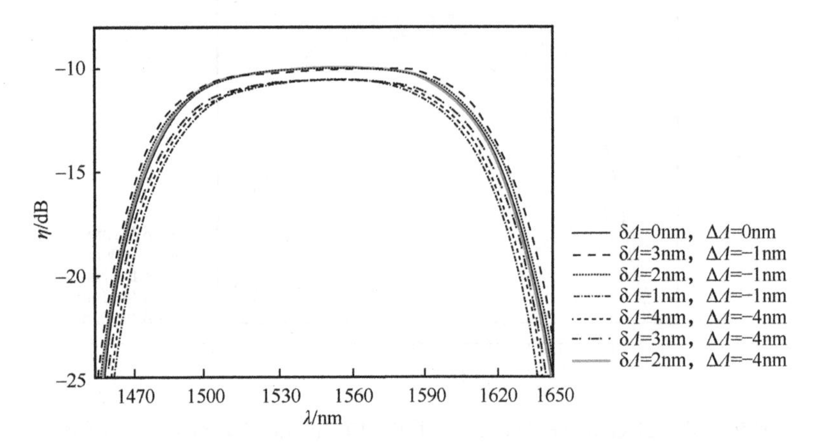

图 4-10　3 段阶梯分段结构时不同 $\delta\Lambda$ 和 $\Delta\Lambda$ 对应的转换效率曲线

从图 4-9 可以看出，当 $\delta\Lambda$=0nm，$\Delta\Lambda$=0nm 时，可获得 106nm 的转换带宽，此时的最大转换效率为−9.964dB。当 $\Delta\Lambda$=−1nm 时，$\delta\Lambda$=1nm 对应的转换带宽最大，可达 108nm，此时的最大转换效率为−9.968dB。而当 $\Delta\Lambda$=−4nm 时，$\delta\Lambda$=3nm 对应的转换带宽最大，达到 111nm，此时的最大转换效率为−10.542dB。相较于图 4-8，采用多段结构可以获得更大的转换带宽。

从图 4-10 可以看出，当 $\delta\Lambda$=0nm，$\Delta\Lambda$=0nm 时，可获得 129nm 的转换带宽，此时的最大转换效率为−9.937dB。当 $\Delta\Lambda$=−1nm 时，$\delta\Lambda$=2nm 对应的转换带宽最大，高达 132nm，此时的最大转换效率为−9.948dB。而当 $\Delta\Lambda$=−4nm 时，$\delta\Lambda$=4nm

对应的转换带宽最大，为 127nm，此时的最大转换效率为−10.501dB。与 2 段阶梯分段结构相比较，在保证最大转换效率基本不变的前提下，转换带宽随段数的增加有明显提高。

通过对图 4-9 和图 4-10 进一步分析可以看出，与图 4-8 类似，第一段的极化周期改变量 $\delta\Lambda$ 会影响转换效率的平坦度及转换带宽，$\delta\Lambda$ 减小时平坦度变好，但转换带宽减小；反之，$\delta\Lambda$ 增大时平坦度变差，但转换带宽得到扩展。与图 4-8 不同的是，图 4-9 和图 4-10 所示为阶梯分段结构，所以除了 $\delta\Lambda$ 外，极化周期的阶梯变化量 $\Delta\Lambda$ 也会对转换效率有影响：随着 $\Delta\Lambda$ 的减小，平坦度得到改善，但转换带宽减小；而随着 $\Delta\Lambda$ 的增大，平坦度变差，但转换带宽变大。上述 $\delta\Lambda$ 和 $\Delta\Lambda$ 对光波长转换特性的影响与采用 DFG 效应时相同，这证明了阶梯分段结构具有稳定性，结构参数的改变对光学超晶格中所有二阶非线性效应的影响是相同的。

根据上述研究结果，得到当光学超晶格分别被分为 1、2 和 3 段时，单通构型级联 SHG 效应+DFG 效应光波长转换过程的优化结构参数和光波长转换特性，见表 4-2。

表 4-2　单通构型级联 SHG 效应+DFG 效应光波长转换过程的优化结构参数和光波长转换特性

段数	Λ_1/μm	Λ_2/μm	Λ_3/μm	$\Delta\lambda$/nm	η_{max}/dB
1	18.511	—	—	88	−9.986
2	18.512	18.511	—	111	−10.542
3	18.512	18.511	18.510	132	−9.948

在基于阶梯分段结构光学超晶格的单通构型级联 SHG 效应+DFG 效应光波长转换过程中，由于 SHG 过程中泵浦光转换为倍频光时效率不是很高，SHG 过程和 DFG 过程的相位匹配条件不能同时得到满足，并且光学超晶格内的光波相互作用比较复杂，因此泵浦光和信号光在 SHG 过程和 DFG 过程中消耗了很多的能量，造成本小节中的光波长转换效率与 4.2 节中图 4-5 所示的基于 DFG 效应的光波长转换效率相比较差。

4.3.2 双通构型

双通构型级联 SHG 效应+DFG 效应光波长转换过程中所采用的仿真参数，如泵浦光的波长和信号光的波段区间、相应的光功率、晶体长度和工作温度等都与单通构型级联 SHG 效应+DFG 效应光波长转换过程中所采用的参数一致，分析流程也类似。首先，仿真得到如图 4-11 所示的双通构型级联 SHG 效应+DFG 效应采用单一均匀极化周期（即不分段）时不同 δΛ 对应的转换效率曲线。

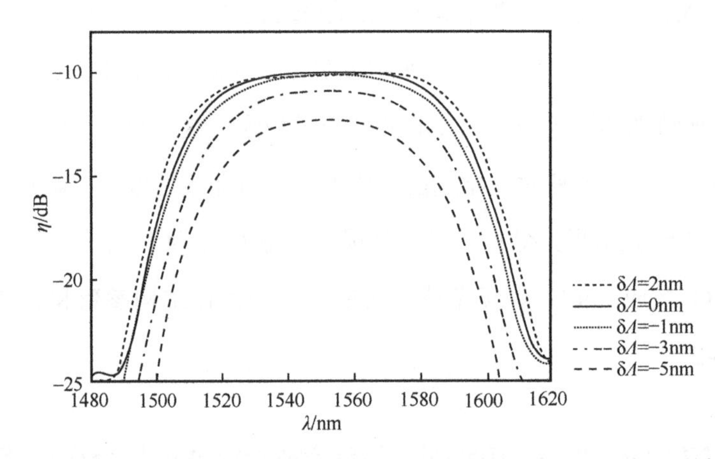

图 4-11 双通构型级联 SHG 效应+DFG 效应采用单一均匀极化周期时不同 δΛ 下的转换效率曲线

从图 4-11 中可以看出，与图 4-8 类似，当 δΛ<0nm 时，随着 δΛ 的减小，最大转换效率和转换带宽均逐渐减小，但转换效率曲线变得越来越平坦。当 δΛ>0nm 时，转换带宽得到扩展，最大转换效率基本不变，但曲线的平坦度变差。当 δΛ=2nm 时，转换带宽约为 80nm，比 δΛ=0nm 时增加 9nm，最大转换效率比 δΛ=0nm 时减小 0.072dB，但转换效率曲线仍很平坦。

然后，仿真分别得到采用 2 段阶梯分段结构和 3 段阶梯分段结构时，不同 δΛ 和 ΔΛ 对应的转换效率曲线，如图 4-12 和图 4-13 所示。

从图 4-12 可以看出，当 δΛ=0nm，ΔΛ=0nm 时，可获得 102nm 的转换带宽，此时的最大转换效率为−4.189dB。当 ΔΛ=−1nm 时，δΛ=1nm 对应的转换带宽最大，为 104nm，此时的最大转换效率为−4.214dB。而当 $\Delta\Lambda$=−4nm 时，$\delta\Lambda$=4nm 可获得最大的转换带宽，为 112nm，此时的最大转换效率为−5.0dB。

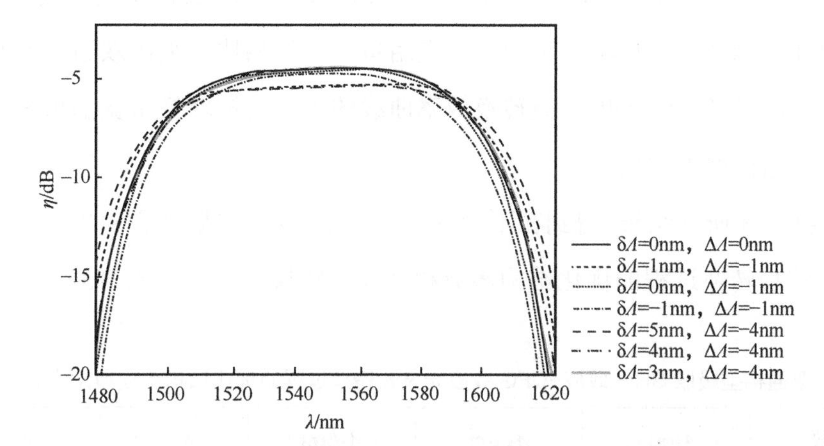

图 4-12 2 段阶梯分段结构时不同 $\delta\Lambda$ 和 $\Delta\Lambda$ 对应的转换效率曲线

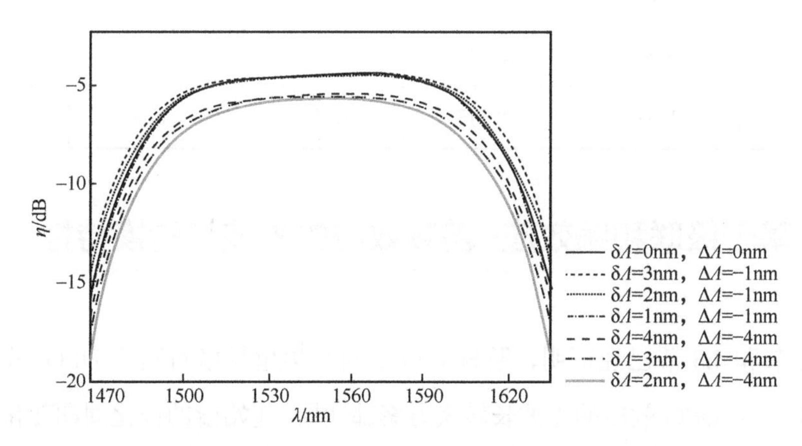

图 4-13 3 段阶梯分段结构时不同 $\delta\Lambda$ 和 $\Delta\Lambda$ 对应的转换效率曲线

在图 4-13 中，当 $\delta\Lambda$=0nm，$\Delta\Lambda$=0nm 时，可获得 125nm 的转换带宽，此时的最大转换效率为−4.159dB。当 $\Delta\Lambda$=−1nm 时，$\delta\Lambda$=3nm 所得的转换带宽最大，为 134nm，此时的最大转换效率为−4.170dB。而当 $\Delta\Lambda$=−4nm 时，$\delta\Lambda$=4nm 的转换带宽达到最大，为 125nm，此时的最大转换效率为−5.249dB。

对于双通构型，在获得的信号光最大转换效率>−5dB 的前提下，随着段数的增加，通过合理设置起始段极化周期的变化量及相邻段之间的阶梯变化量，转换带宽从未分段时的80nm扩展到3段阶梯分段结构的134nm，证明了阶梯分段结构对于双通构型级联SHG效应+DFG效应光波长转换过程同样有效。通过对比图4-11～图4-13可知，与采用单通构型相比，采用双通构型的转换效率更大，提高了约5dB；但转换效率曲线的平坦度和转换带宽都相差不大，证明了双通构型更实用。

根据上述研究结果，得到在不同分段情况下，双通构型级联SHG效应+DFG效应光波长转换过程的优化结构参数和光波长转换特性，见表4-3。

表4-3 双通构型级联SHG效应+DFG效应光波长转换过程的优化结构参数和光波长转换特性

段数	Λ_1/μm	Λ_2/μm	Λ_3/μm	$\Delta\lambda$/nm	η_{max}/dB
1	18.511	—	—	71	−4.26
2	18.512	18.511	—	104	−4.214
3	18.514	18.513	18.512	134	−4.170

4.4 基于级联和频效应+差频效应的光波长转换特性

4.2节和4.3节已经证明，阶梯分段结构光学超晶格对基于DFG效应和基于SHG效应+DFG效应的光波长转换方案都适用，起始段的极化周期变化量和极化周期的阶梯变化量对光波长转换特性的影响也都相同。因此对于SFG效应+DFG效应光波长转换过程，在此不再分析这两个变化量对其的影响，仅对本章采用的阶梯分段结构与第3章采用的均匀分段结构进行对比分析。单、双通构型均匀分段结构和阶梯分段结构的转换效率曲线如图4-14所示。以3段分段结构为例，当分别对每种光学超晶格的结构参数进行最优设置后，对于单通构型，均匀分段结构和阶梯分段结构对应的转换带宽分别为158nm和122nm；而采用双通构型时，均匀分段结构和阶梯分段结构对应的转换带宽分别为 156nm 和 119nm。显然均匀分段结构可以获得更大的转换带宽，这是因为在均匀分段结构中，每一段的极化周期是通过仿真优化设计出来的，彼此之间没有必然联系；而阶梯分段结构中相邻两段之间的极化周期是按照某个值固定变化的，因此各段的极化周期组合并不是最优的。

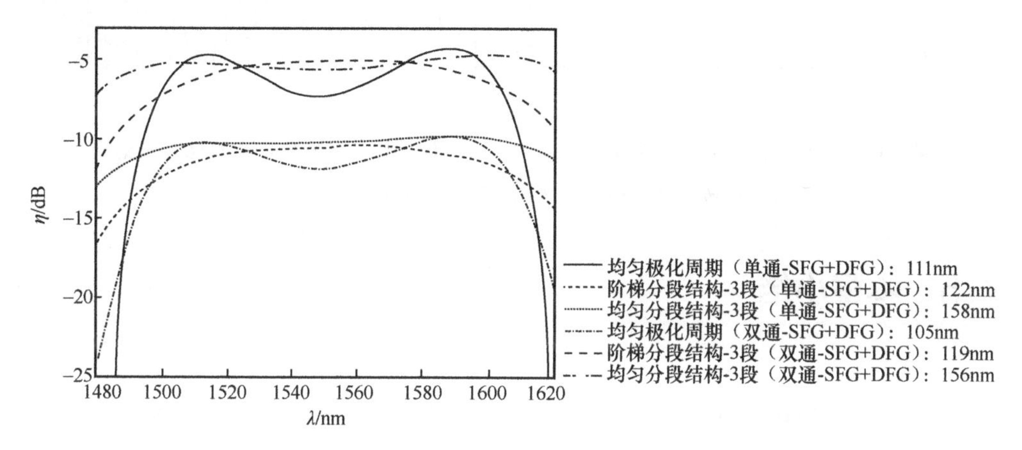

图 4-14 单、双通构型均匀分段结构和阶梯分段结构的转换效率曲线

此外，在相同的平坦度约束条件下，当晶体都被分为 3 段时，我们对单、双通构型均匀分段结构和阶梯分段结构对应的转换带宽和最大转换效率随晶体长度变化的曲线进行了对比分析，如图 4-15 所示。

从图 4-15 中可以看出，对于不同的晶体长度，采用单、双通构型时，均匀分段结构对应的转换带宽和最大转换效率都比阶梯分段结构对应的转换带宽和最大转换效率大。

通过对比均匀分段结构和阶梯分段结构可知，均匀分段结构在转换带宽和最大转换效率方面都具有优势，但阶梯分段结构的平坦度更好。在晶体设计和制造方面，这两种结构都是简单的分段结构，相应的光学超晶格的设计和制造也都较容易完成。在实际中，可根据不同场景对光波长转换特性的不同要求，选择使用均匀分段结构还是阶梯分段结构。

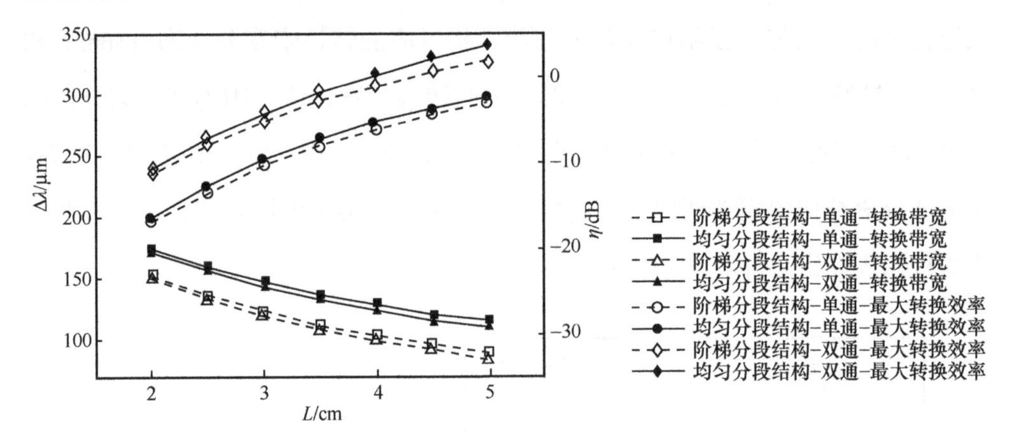

图 4-15 在相同的平坦度约束条件下，单、双通构型均匀分段结构和阶梯分段结构对应的转换带宽和最大转换效率随晶体长度变化的曲线

4.5 本章小结

本章首先给出了阶梯分段结构光学超晶格的模型，分析了阶梯分段结构与均匀分段结构之间的区别；然后介绍了基于阶梯分段结构光学超晶格的不同光波长转换实现方案及相应的光波长转换特性，给出了结构设计参数影响光波长转换特性的规律。此外，本章还对采用阶梯分段结构、均匀分段结构和 SCOS 结构的光波长转换特性进行了对比，结果表明阶梯分段结构光学超晶格具有良好的综合特性，同时在实际中易于制造。

参考文献

[1] 刘涛，崔洁，张珂，等. 阶梯分段准相位匹配结构的平坦宽带波长转换[J]. 光子学报，2014，43（10）：198-202.

[2] TEHRANCHI A，KASHYAP R. Flattop efficient cascaded $\chi^{(2)}$ (SFG+DFG)-based wideband wavelength converters using step-chirped gratings[J]. IEEE Journal of Selected Topics in Quantum Electronics，2012，18（2）：785-793.

[3] LIU T，QI Y，CHE L L，et al. Flat broadband wavelength conversion based on cascaded second-harmonic generation and difference frequency generation in seg-

mented quasi-phase matched gratings[J]. Journal of Modern Optics，2012，59（7-8）：650-657.

[4] LIU T, LI B G. Broadband wavelength converter based on segmented quasi-phase matched grating[C]. SPIE，2010.

[5] GAO S M，YANG C X，JIN G F. Conventional-band and long-wavelength-band efficient wavelength conversion by difference-frequency generation in sinusoidally chirped optical superlattice waveguides[J]. Optics Communication，2004，239（4-6）：333-338.

第5章

啁啾结构光学超晶格及其在光波长转换中的应用

第3、4章介绍的光学超晶格结构都是分段结构，结构相对简单且易实现。本章将给出两种较复杂的啁啾结构光学超晶格，并介绍相应的结构参数设计方法、基于这两种光学超晶格结构的光波长转换特性及晶体制造误差带来的影响。

5.1 贝塞尔啁啾结构光学超晶格

5.1.1 贝塞尔啁啾结构光学超晶格模型

本小节介绍了一种贝塞尔啁啾结构光学超晶格，其模型如图5-1所示。

在该光学超晶格中，极化周期按照式（5-1）给出的函数规律变化。

$$\Lambda(x)=\Lambda_0\left\{1+\gamma J_v\left[\tau\left(\xi+\frac{x}{L}\right)\right]\right\} \tag{5-1}$$

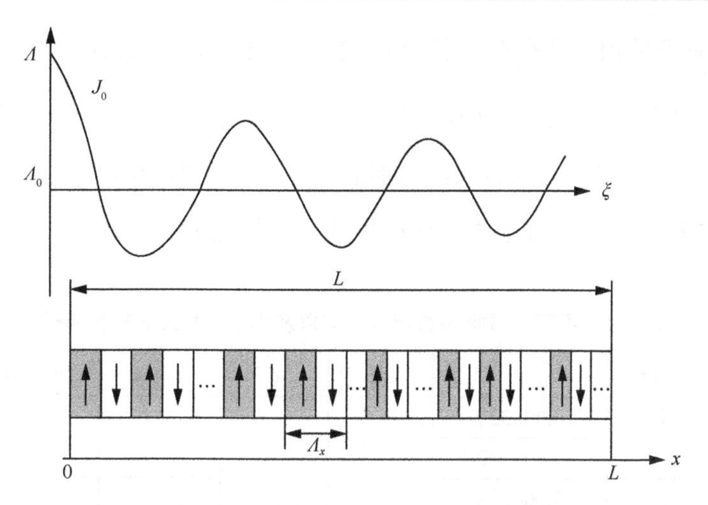

图 5-1　贝塞尔啁啾结构光学超晶格的模型和 J_0 函数曲线

在式（5-1）中，J_v 是第一类贝塞尔函数，下标 v 是贝塞尔函数的阶数；γ、τ、ξ 是啁啾系数；L 是晶体的总长度；Λ_0 是当 DFG 过程、SHG 过程或 SFG 过程完全相位匹配时的极化周期。在本小节中，以 0 阶贝塞尔函数为例进行分析，相应的 J_0 函数曲线如图 5-1 所示。从式（5-1）中可以看出，光学超晶格的极化周期沿着 x 轴正方向按照 J_0 函数曲线的规律发生变化。调节啁啾系数 γ 和 τ 可以控制 J_0 函数曲线的纵坐标尺寸和振荡周期。调节啁啾系数 ξ 可以控制 J_0 函数曲线的横坐标起点位置。也就是说，调节 γ、τ、ξ 这 3 个啁啾系数可以控制光学超晶格的极化周期的变化规律。换言之，通过优化设置 γ、τ、ξ 这 3 个啁啾系数，基于贝塞尔啁啾结构光学超晶格的光波长转换特性可以得到提高。

下面介绍基于贝塞尔啁啾结构光学超晶格的具体光波长转换实现方案。

5.1.2　基于级联倍频效应+差频效应的光波长转换特性

以单通构型为例，仿真分析基于贝塞尔啁啾结构光学超晶格的 SHG 效应+DFG 效应光波长转换特性。仿真过程中的参数设置为：信号光的功率为 1mW，泵浦光的功率和波长分别为 150mW 和 1.55μm，晶体长度为 3cm，工作温度为 150°C。

当 SHG 效应满足相位匹配时，计算得到式（5-1）中的 Λ_0 为 18.511μm。

为了获得平坦的光波长转换特性，在对光学超晶格的结构参数进行优化设计时，约束平坦度 F 小于 0.75dB。通过多次仿真研究，获得了几种不同的啁啾系数组合方案以及相应的光波长转换特性，结果见表 5-1。

表 5-1　不同的啁啾系数组合方案以及相应的光波长转换特性

方案	L/cm	γ	τ	ξ	$\Delta\lambda$/nm	η_{max}/dB	F/dB
方案（a）	1	0.008320	11.2	7.2	311	−33.50	0.71
	1.5	0.005632			254	−26.77	0.65
	2	0.004224			220	−21.95	0.64
	2.5	0.003456			198	−18.53	0.55
	3	0.002944			180	−15.67	0.62
	3.5	0.002560			167	−13.34	0.62
	4	0.002176			156	−11.10	0.54
	4.5	0.001920			147	−9.29	0.67
	5	0.001792			140	−8.05	0.47
方案（b）	1	0.004417	11.2	1.6	310	−33.52	0.89
	1.5	0.003009			254	−26.87	0.77
	2	0.002269			219	−22.13	0.71
	2.5	0.001837			196	−18.59	0.65
	3	0.001536			179	−15.70	0.62
	3.5	0.001332			166	−13.38	0.57
	4	0.001174			155	−11.37	0.57
	4.5	0.001038			145	−9.45	0.62
	5	0.000956			139	−8.21	0.50
方案（c）	1	0.008704	8	10.4	264	−32.00	0.58
	1.5	0.005888			215	−25.14	0.55
	2	0.004480			186	−20.28	0.61
	2.5	0.003584			166	−16.58	0.58
	3	0.002944			151	−13.52	0.54
	3.5	0.002560			140	−11.06	0.56
	4	0.002176			128	−8.69	0.56
	4.5	0.001920			119	−6.70	0.58
	5	0.001792			115	−5.29	0.53

续表

方案	L/cm	γ	τ	ξ	$\Delta\lambda$/nm	η_{max}/dB	F/dB
方案（d）	1	0.008832	8	11.2	260	−32.10	0.57
	1.5	0.006016			213	−25.25	0.58
	2	0.004480			183	−20.35	0.57
	2.5	0.003456			160	−16.32	0.63
	3	0.003013			149	−13.62	0.58
	3.5	0.002560			137	−11.13	0.48
	4	0.002200			128	−8.86	0.50
	4.5	0.001984			121	−7.07	0.45
	5	0.001786			114	−5.37	0.42

从表5-1中可以看出，在相同条件下，方案（c）和方案（d）对应的转换带宽比方案（a）和方案（b）的转换带宽小得多，所以方案（c）和方案（d）可以忽略。进一步只比较方案（a）和方案（b）可以发现，尽管方案（b）具有与方案（a）几乎相同的转换带宽和最大转换效率，但对于晶体长度较短（L≤2cm）的情况，方案（b）的平坦度比方案（a）的平坦度差。因此，方案（a）中所给的啁啾系数可以认为是最佳的啁啾系数，利用这些啁啾系数对光学超晶格的极化周期进行设计，就可以得到平坦的光波长转换特性。

当晶体长度为3cm时，我们对分别采用单通构型级联SHG效应+DFG效应的均匀极化周期结构、3段均匀分段结构[1]和贝塞尔啁啾结构的光波长转换特性进行对比，如图5-2所示。

从图5-2中可以明显看出，贝塞尔啁啾结构的转换带宽比均匀极化周期结构和3段均匀分段结构的转换带宽都大，并且平坦度很小。对于3cm长的光学超晶格，贝塞尔啁啾结构、3段均匀分段结构和均匀极化周期结构的转换带宽分别为180nm、160nm和82nm，平坦度分别为0.62dB、0.82dB和0.64dB。贝塞尔啁啾结构的180nm转换带宽几乎覆盖了S波段、C波段、L波段和U波段的一半。

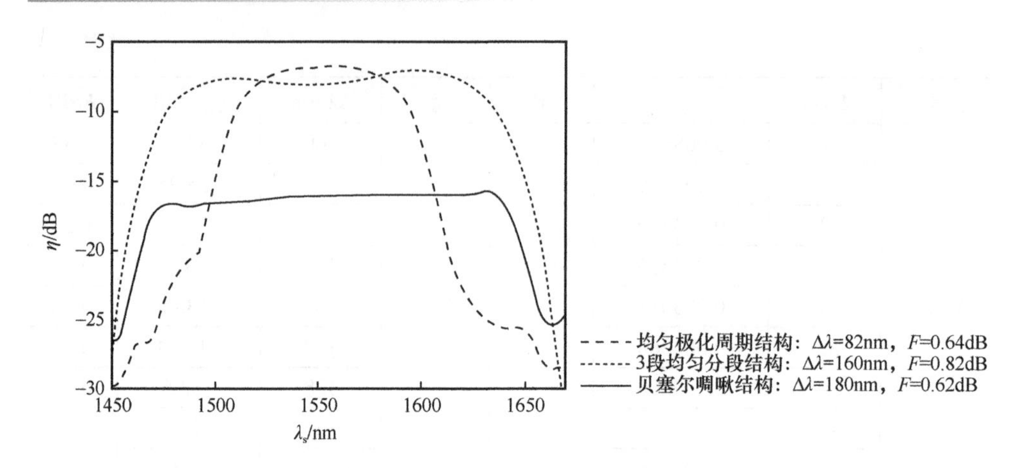

图 5-2 均匀极化周期结构、3 段均匀分段结构和贝塞尔啁啾结构的光波长转换特性

光学超晶格结构的设计方法应适用于不同的晶体长度，以确保无论晶体长度如何变化都能获得相同的光波长转换特性。因此我们分析了当晶体长度变化时，基于贝塞尔啁啾结构光学超晶格的光波长转换特性，并再次对均匀极化周期结构、3 段均匀分段结构和贝塞尔啁啾结构的转换带宽进行了比较，如图 5-3 所示。

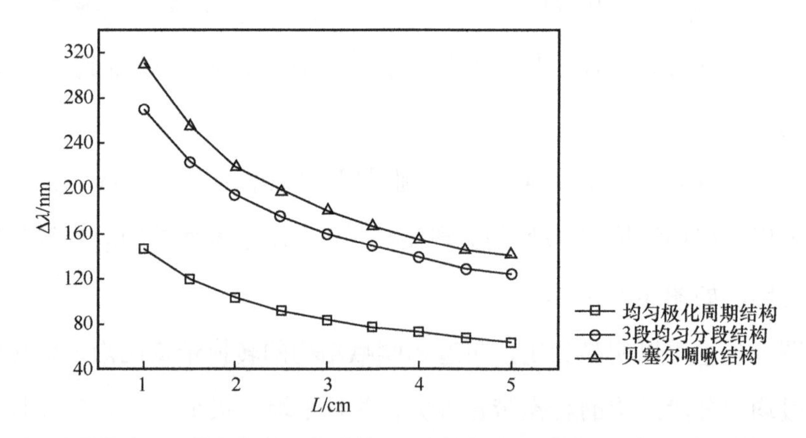

图 5-3 不同晶体长度下，均匀极化周期结构、3 段均匀分段结构和贝塞尔啁啾结构的转换带宽

从图 5-3 中可以看出，对于这 3 种结构，转换带宽都随着晶体长度的增加而减小。在相同的晶体长度下，贝塞尔啁啾结构的转换带宽明显大于其他两种结构的可转换带宽。例如，当晶体长度为 4cm 时，贝塞尔啁啾结构的转换带宽

是 155nm，比均匀极化周期结构和 3 段均匀分段结构的转换带宽分别大 83nm 和 16nm。贝塞尔啁啾结构具有相对较大的转换带宽的主要原因在于此种结构可以提供更多的倒格失。

最大转换效率和平坦度是衡量 WDM 系统中光波长转换特性的另外两个重要指标，因此我们又对不同晶体长度下这 3 种光学超晶格结构的最大转换效率和平坦度进行了对比分析，如图 5-4 所示。

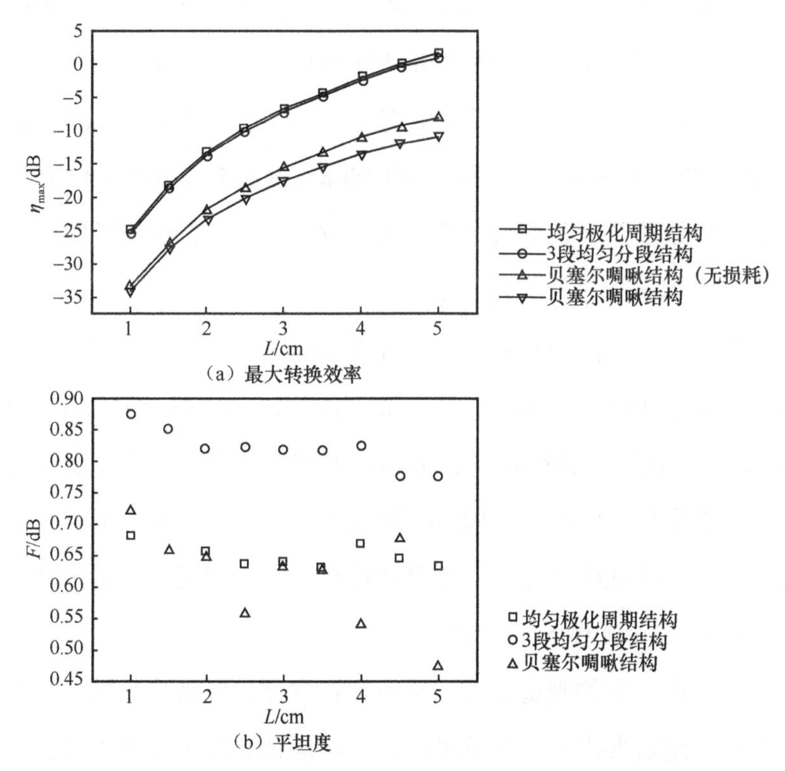

图 5-4　不同晶体长度下，均匀极化周期结构、3 段均匀分段结构和贝塞尔啁啾结构的最大转换效率和平坦度

从图 5-4 中可以看出，贝塞尔啁啾结构的最大转换效率小于其余两种结构的最大转换效率。然而，与 3 段均匀分段结构相比，贝塞尔啁啾结构的平坦度更好，且接近于均匀极化周期结构的平坦度，甚至在 2.5cm、4cm 和 5cm 等情况下，贝塞尔啁啾结构的平坦度优于均匀极化周期结构的平坦度。

光波长转换特性的差异除了与使用的光学超晶格结构有关，还与这些光学超晶格结构的设计目的有关。设计均匀分段结构和贝塞尔啁啾结构的主要目的都是扩展转换带宽，但均匀分段结构同时获得了尽可能高的最大转换效率，贝塞尔啁啾结构则同时获得了更好的平坦度，因此贝塞尔啁啾结构在转换带宽和平坦度方面都具有更好的性能，最大转换效率相对差一些。实际可以以牺牲一些转换带宽为代价，通过增强输入泵浦光功率和/或使用更长的晶体来提高最大转换效率。例如，当晶体长度为 3cm 时，若将泵浦光功率从 150mW 增加到 300mW，则最大转换效率将从−15.67dB 增加到−10.27dB。此外，如果使用 4cm 长的晶体，贝塞尔啁啾结构的最大转换效率可以进一步提高 4.6dB。此时从图 5-3 可以看出，转换带宽虽然从 3cm 时的 180nm 减少到 4cm 时的 155nm，但其实已足够大，可以覆盖大部分 S 波段、整个 C 波段和整个 L 波段，同时 4cm 时的平坦度也比 3cm 时的平坦度更好。

需要说明的是，前面的仿真分析过程并没有考虑晶体的传输损耗。当考虑传输损耗时，假设 1550nm 波段和 775nm 波段的传输损耗分别为 0.35dB/cm 和 0.7dB/cm[3]，研究证明传输损耗只会影响最大转换效率，几乎不影响转换带宽和平坦度。此结论与其他研究[1, 2]所得的结论相同。当忽略传输损耗时，如果将晶体长度从 3cm 增加到 4cm，与考虑传输损耗的情况相比，最大转换效率从 4.6dB 降低至 4.0dB，如图 5-4 所示。

光学超晶格在实际的制造过程中难免存在误差，制造出来的光学超晶格长度会出现波动，这就要求贝塞尔啁啾结构应对晶体长度的变化不敏感。下面对长度波动问题进行研究。以 3.5cm 晶体长度为例，将啁啾系数 γ、τ 和 ξ 分别设置为表 5-1 方案（a）中的 0.002560、11.2 和 7.2，以保证此时的贝塞尔啁啾结构具有最佳的光波长转换特性。通过数值仿真，得到当晶体长度出现波动时贝塞尔啁啾结构的转换效率曲线，如图 5-5 所示。

从图 5-5 中可以看出，转换带宽、最大转换效率和平坦度都与晶体长度有关。为了更清楚地显示晶体长度制造误差的影响，基于图 5-5 的结果，分别计算分析了以 3.5cm 为中心，晶体长度出现波动时最大转换效率、转换带宽和平坦度的相对误差，如图 5-6 所示。其中，横坐标表示晶体长度与 3.5cm 的偏差，纵坐标分别表示最大转换效率、转换带宽和平坦度的相对误差。

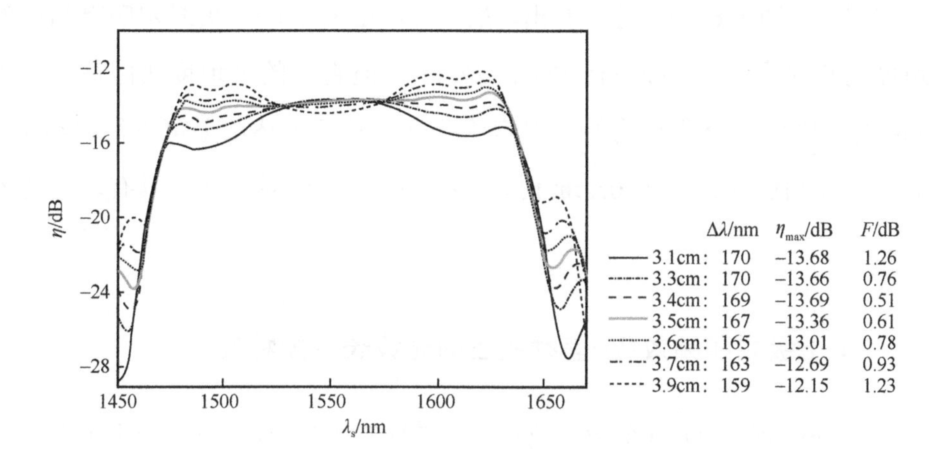

图 5-5 以 3.5cm 为中心，晶体长度出现波动时贝塞尔啁啾结构的转换效率曲线

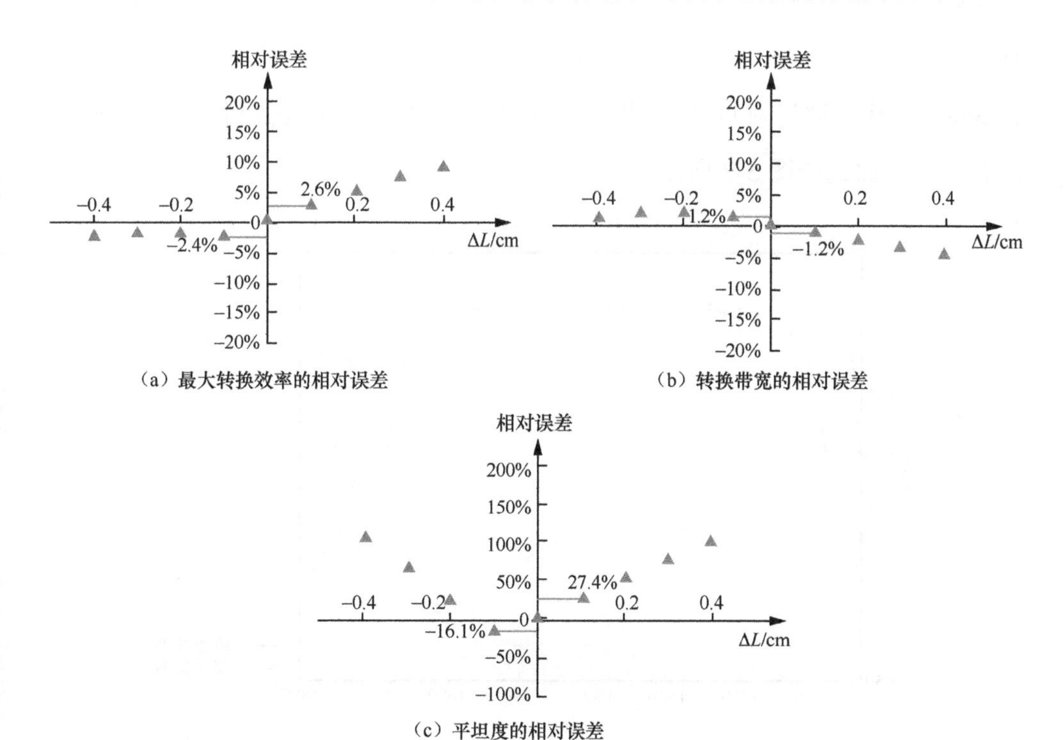

图 5-6 以 3.5cm 为中心，晶体长度出现波动时最大转换效率、转换带宽和平坦度的相对误差

从图 5-6（a）和图 5-6（b）中可以很容易地看出，如果晶体长度制造误差保持在 0.1cm 以内，最大转换效率和转换带宽的相对误差分别小于 2.6%和 1.2%，这意味着与理论晶体长度（3.5cm）相比，最大转换效率和转换带宽几乎相同。从图 5-6（c）可以看出，虽然 3.4cm 和 3.6cm 贝塞尔啁啾结构的平坦度的相对误差分别为−16.1%和 27.4%，但它们的平坦度实际值比使用 3.5cm 的 3 段均匀分段结构的平坦度还要好。基于上述结果可以得出结论，当晶体长度制造误差小于 0.1cm 时，贝塞尔啁啾结构对该误差具有较好的容忍度。

5.1.3 基于级联和频效应+差频效应的光波长转换特性

在对 SFG 效应+DFG 效应光波长转换过程的研究中，假定贝塞尔啁啾结构光学超晶格的长度为 3cm；两束泵浦光的波长分别为 1.5125μm 和 1.5875μm，功率分别为 76.815mW 和 73.185mW；信号光功率为 1mW，波长在 1450～1680nm 变化。通过对贝塞尔啁啾结构进行优化设计，仿真得到单、双通构型的转换效率曲线如图 5-7 所示。

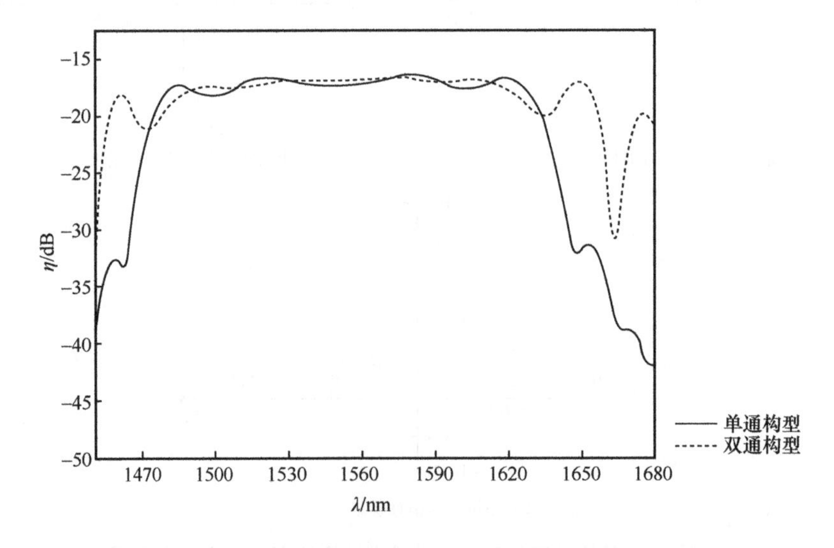

图 5-7　基于贝塞尔啁啾结构的单、双通构型的转换效率曲线

从图 5-7 中可以得到，单通构型的最大转换效率为−16.634dB，双通构型的最大转换效率为−14.876dB。通过计算可得，单通构型的转换带宽为 157nm，平坦度为 0.695dB；双通构型的转换带宽为 147nm，平坦度为 0.671dB。虽然双通构型的转换带宽比单通构型的转换带宽小 10nm，但双通构型的转换效率和平坦度略好。

对于单通构型的贝塞尔啁啾结构，当晶体长度从 1cm 增加到 5cm（变化间隔为 0.5cm）时，仿真得到转换带宽 B、最大转换效率 η_{max} 和平坦度 F 随晶体长度变化的曲线，如图 5-8 所示。

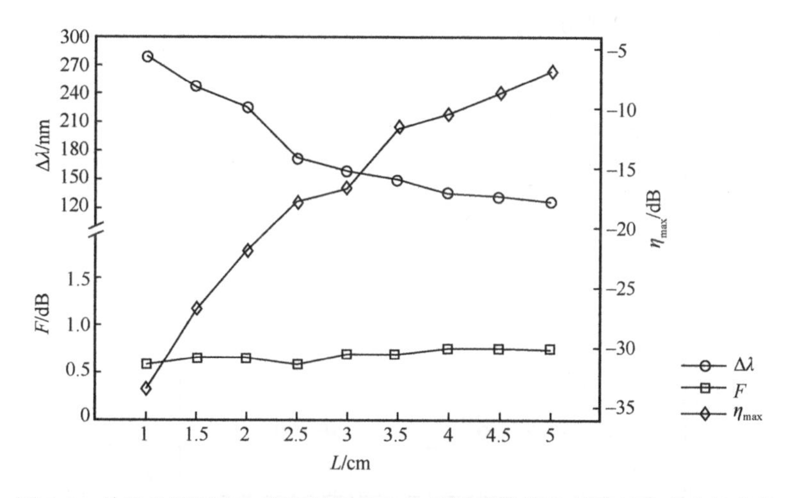

图 5-8　单通构型贝塞尔啁啾结构的光波长转换特性随晶体长度变化的曲线

从图 5-8 中可以看出，随着晶体长度的增加，转换带宽逐渐减小，最大转换效率逐渐增大，而平坦度波动很小，趋于不变。例如，当晶体长度从 1cm 增加到 5cm 时，转换带宽从 279nm 下降到 125nm，下降了 154nm，约 55.2%；最大转换效率从−33.388dB 上升到−6.938dB，上升了 26.45dB，约 79.2%；而平坦度只从 0.588dB 变化到 0.742dB，变化了 0.154dB，约 26%。此外，随着晶体长度的增加，转换带宽和最大转换效率的变化趋势逐渐变缓，例如，在晶体长度从 1cm 增加到 3cm 的过程中，转换带宽从 279nm 下降到 157nm，下降了 122nm，占总下降带宽的 79.2%；而在从 3cm 增加到 5cm 的过程中，转换带宽由 157nm 下降到 125nm，只下降了 32nm，占总下降带宽的 20.8%。同样，在晶体长度从 1cm 增加到 3cm 的过程中，最大转换效率从−33.388dB 上升到−16.634dB，上升了 16.754dB，占总上升效率的 63.3%；而在从 3cm 增加到 5cm 的过程中，最大转换效率由−16.634dB 上升到−6.938dB，上升了 9.696dB，占总上升效率的 36.7%。综合考虑，晶体长度为 3cm 时，转换带宽和最大转换效率达到一个均衡水平，因此大多数情况下选取 3cm 为研究对象更具有代表性。

在相同仿真条件下，双通构型贝塞尔啁啾结构的光波长转换特性随晶体长度变化的曲线如图 5-9 所示。

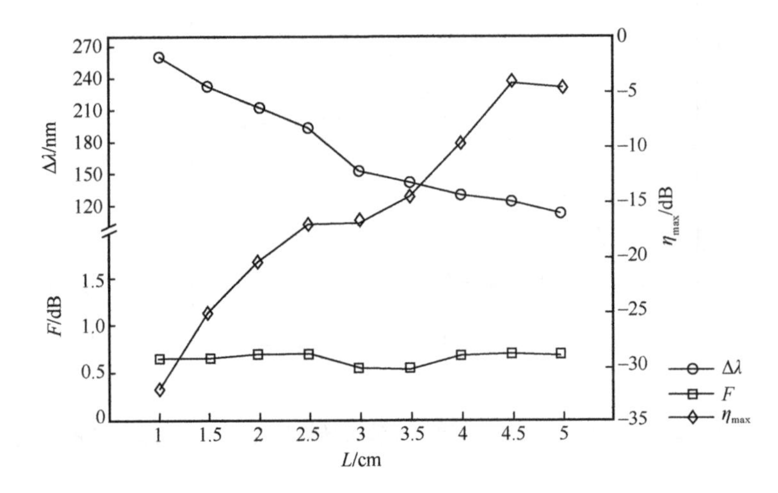

图 5-9　双通构型贝塞尔啁啾结构的光波长转换特性随晶体长度变化的曲线

由图 5-9 可以看出，与单通构型类似，随着晶体长度的增加，双通构型的转换带宽呈现下降趋势，最大转换效率呈现上升趋势，平坦度略有浮动。

在分别分析了单、双通构型贝塞尔啁啾结构的光波长转换特性随晶体长度变化的趋势后，可以对两种构型的转换带宽、最大转换效率以及平坦度进行对比，从而探究两种构型的光波长转换特性的差异。根据图 5-8 和图 5-9，单、双通构型的转换带宽和最大转换效率随晶体长度变化的趋势相同，但双通构型的最大转换效率略大一些，当然伴随的是转换带宽略差，也就是双通构型以牺牲转换带宽的代价换来了最大转换效率的增加，而两种构型的平坦度差别不大。例如，当晶体长度为 3cm 时，单通构型的转换带宽为 157nm，最大转换效率为−16.634dB，平坦度为 0.695dB；而双通构型的转换带宽为 147nm，最大转换效率为−14.876dB，平坦度为 0.671dB。当晶体长度从 3cm 增加到 5cm 时，单通构型的转换带宽下降到 125nm，双通构型的转换带宽下降到 112nm；单通构型和双通构型的最大转换效率分别增加了 4.64dB 和 10.16dB；单通构型的平坦度变为 0.742dB，双通构型的平坦度变为 0.698dB。从上述结果可以看出，双通构型比单通构型的光波长转换特性稍好一些。

由第 3 章可知，相对于传统的均匀极化周期结构，均匀分段结构的转换带宽和平坦度都要更好。为了更好地探究贝塞尔啁啾结构光波长转换器的转换特性，在都采用级联和频效应+差频效应的前提下，将贝塞尔啁啾结构与 3 段均匀分段结构进行对比。在晶体长度为 3cm 时，分别得到单、双通构型 3 段均匀分段结构和贝塞尔啁啾结构的光波长转换特性，见表 5-2。

表 5-2　单、双通构型 3 段均匀分段结构和贝塞尔啁啾结构的光波长转换特性

构型	光学超晶格结构	$\Delta\lambda$/nm	η_{max}/dB	F/dB
单通构型	3 段均匀分段结构	144	−7.421	0.628
	贝塞尔啁啾结构	157	−16.634	0.695
双通构型	3 段均匀分段结构	139	−1.778	0.624
	贝塞尔啁啾结构	147	−14.876	0.671

从表 5-2 可以看出，无论是单通构型还是双通构型，在相同条件下，贝塞尔啁啾结构的转换带宽大于 3 段均匀分段结构的转换带宽，平坦度相差不多，但最大转换效率却相差较大。因此当使用贝塞尔啁啾结构进行光波长转换时，需要适当地提高泵浦光功率，以此来提高转换效率。

5.2 正弦振荡衰减啁啾结构光学超晶格

本节介绍了一种正弦振荡衰减啁啾结构光学超晶格，它能够在保持良好的平坦度的同时，极大程度地扩大转换带宽。

5.2.1 正弦振荡衰减啁啾结构光学超晶格模型

正弦振荡衰减啁啾结构光学超晶格的模型和对应的极化周期函数曲线如图 5-10 所示。

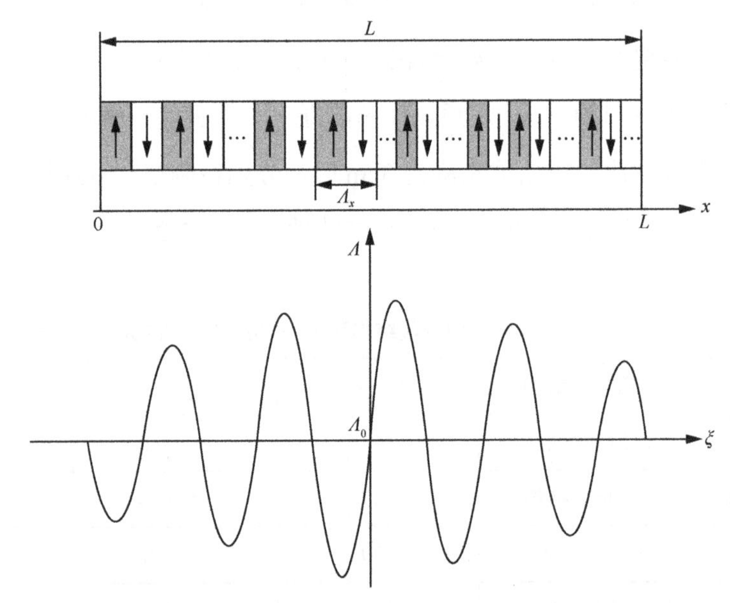

图 5-10 正弦振荡衰减啁啾结构光学超晶格的模型和对应的极化周期函数曲线

图 5-10 所示光学超晶格的极化周期按照式（5-2）所给的函数进行设计。

$$\Lambda=\Lambda_0\left\{1+\gamma(0.9\sqrt{3.3-\left(\xi+\frac{x}{L}\right)^2}\sin\left[\tau\pi\left(\xi+\frac{x}{L}\right)\right]\right\} \tag{5-2}$$

在式（5-2）中，Λ 代表极化周期，Λ_0 为初始极化周期，γ、τ、ξ 是啁啾系

数。调整啁啾系数 γ 和 τ 可以分别控制极化周期的变化范围及振荡周期，调整啁啾系数 ξ 可以改变水平轴上的起点位置，即调节极化周期在正弦振荡衰减曲线上的起点。因此，与贝塞尔啁啾结构类似，正弦振荡衰减啁啾结构的极化周期也可以利用 γ、τ、ξ 这 3 个参数确定。在实验研究中，调整这 3 个参数可以优化设置光学超晶格的结构，从而改善光波长转换特性。

5.2.2　正弦振荡衰减啁啾结构与其他结构的对比

基于上述理论模型，本小节将分析单通构型基于正弦振荡衰减啁啾结构的 SFG 效应+DFG 效应光波长转换特性，并将此结构与之前分析过的阶梯分段结构、均匀极化周期结构以及泵浦光波长位移法进行对比。在分析过程中，将 1550nm 波段和 775nm 波段的波导损耗分别设置为 0.35dB/cm 和 0.7dB/cm；信号光的功率设置为 1mW；两束泵浦光的波长分别设置为 1522.5nm 和 1577.5nm，功率分别设置为 25.444mW 和 24.556mW。晶体长度为 3cm，温度设置为 150°C。当 SFG 效应相互作用完全相位匹配时，计算得到极化周期为 18.492nm，将式（5-2）中的 Λ_0 设定为此值。通过仿真得到不同光学超晶格结构的光波长转换特性，见表 5-3。

表 5-3　不同光学超晶格结构的光波长转换特性

光学超晶格结构	η_{max}/dB	$\Delta\lambda$/nm	F/dB
均匀极化周期结构	−15.724	113	1.989
均匀极化周期结构，但泵浦光 2 的波长红移 0.62nm	−19.537	90	0.190
阶梯分段结构	−15.900	95	0.170
正弦振荡衰减啁啾结构	−25.246	147	0.011

由表 5-3 可知，在相同条件下，均匀极化周期结构、基于均匀极化周期结构的泵浦光波长位移法、阶梯分段结构与正弦振荡衰减啁啾结构的最大转换效率分别为−15.724dB、−19.537dB、−15.900dB 与−25.246dB，转换带宽分别为 113nm、90nm、95nm 和 147nm，平坦度分别为 1.989dB、0.190dB、0.170dB

和 0.011dB。从这些结果可以看出，传统的均匀极化周期结构的转换带宽并不大，其平坦度也很差；利用泵浦光波长位移法虽然改善了平坦性，将平坦度降到 0.2dB 以下，但最大转换效率与转换带宽都有所下降，比均匀极化周期结构的转换带宽下降 23nm、最大转换效率下降 3.813dB。阶梯分段结构相对于泵浦光波长位移法来说，在将平坦度降到 0.2dB 以下的同时，最大转换效率并没有大幅度下降，只下降了 0.176dB，下降了约 1%；但转换带宽依旧低于 100nm，只有 95nm。正弦振荡衰减啁啾结构不仅将平坦度降到远低于 0.2dB，达到 0.011dB，还将转换带宽扩展到 147nm，比均匀极化周期结构的转换带宽大 34nm，扩展了约 30.1%。但是，大幅度地牺牲了最大转换效率，其最大转换效率比均匀极化周期结构的最大转换效率低 9.522dB。

为了更直观地观察正弦振荡衰减啁啾结构的转换特性，图 5-11 给出了基于均匀极化周期结构、泵浦光波长位移法和正弦振荡衰减啁啾结构这 3 种不同结构的转换效率曲线。

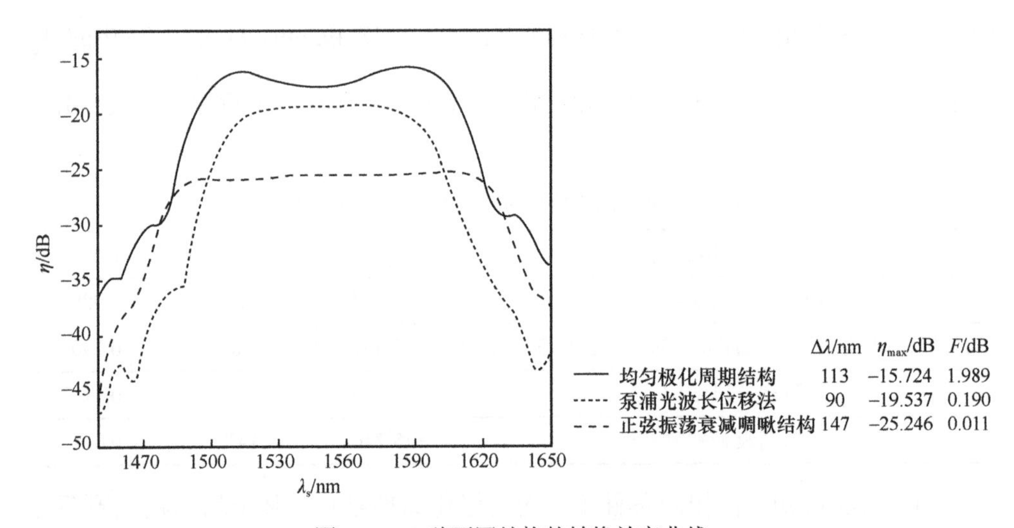

图 5-11　3 种不同结构的转换效率曲线

从图 5-11 中可以明显看出，均匀极化周期结构的转换效率曲线在中间位置处有一个明显的凹陷，因此平坦度较差。泵浦光波长位移法通过位移泵浦光 2 的波长改善了平坦度，但牺牲了转换带宽和最大转换效率。而正弦振荡衰减啁啾结构在牺牲最大转换效率的基础上，极大程度地扩展了转换带宽，平坦度也有明显提升。

5.2.3　不同晶体长度下的光波长转换特性

前面在晶体长度为 3cm 时对正弦振荡衰减啁啾结构进行了设计，分析结果证明利用该结构可以获得较大的转换带宽和良好的平坦度。为了验证该结构的普适性，本小节对不同晶体长度（1～5cm）下的转换带宽、最大转换效率及平坦度进行仿真分析，得到正弦振荡衰减啁啾结构的光波长转换特性随晶体长度变化的曲线如图 5-12 所示。

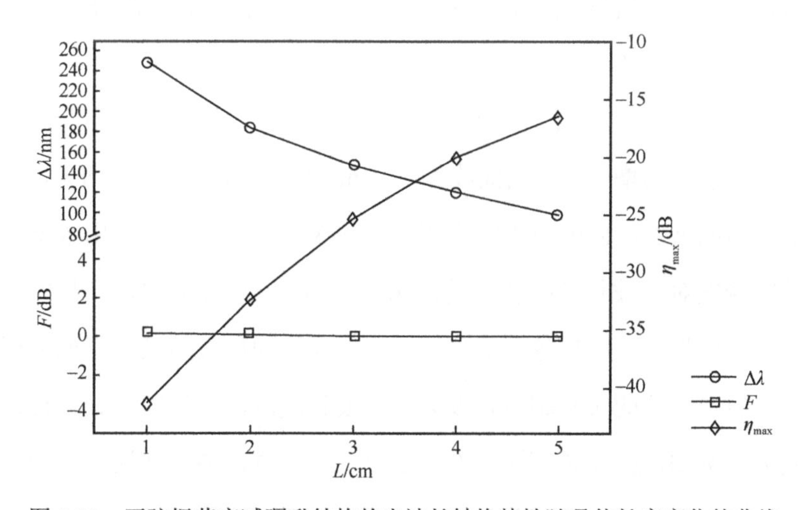

图 5-12　正弦振荡衰减啁啾结构的光波长转换特性随晶体长度变化的曲线

从图 5-12 中可以观察到，随着晶体长度的不断增加，转换带宽不断减小，最大转换效率呈现上升趋势，而平坦度趋于稳定，几乎不变。也就是说，通过增加晶体长度，可以在保持平坦度稳定的前提下，牺牲转换带宽换取最大转换效率的增大。例如，当晶体长度从 1cm 增加到 3cm 时，转换带宽从 250nm 降低到 147nm，约占转换带宽总变化值的 69.1%；晶体长度为 3cm 时最大转换效率为−25.246dB，较晶体长度为1cm时上升了16.1dB，约占最大转换效率总变化值的63.8%；而晶体长度为3cm和1cm的平坦度都良好，在0.011dB附近，非常平坦。

上述结果证明了正弦振荡衰减啁啾结构对于不同的晶体长度而言，平坦度都非常好，因此人们可以根据自己的实际需求来选择合适的晶体长度。如果希望获得较大的最大转换效率，可选择较长的晶体；反之，如果希望获得更大的转换带宽，则可以选择较短的晶体。

5.2.4 晶体长度制造误差对光波长转换特性的影响

本小节分析正弦振荡衰减啁啾结构对晶体长度制造误差的容忍度。图5-13给出了以3cm为标准长度，误差在0.4cm内时，正弦振荡衰减啁啾结构的转换效率曲线，以及最大转换效率、转换带宽和平坦度的相对误差。在仿真过程中，啁啾系数γ、τ、ξ分别为 0.000448、1.6和−1.48。

从图5-13（a）中可以看到，以晶体长度为3cm时的转换效率曲线为中心，随着晶体长度误差的增大，每条曲线偏离3cm中心曲线的程度也增大，这种偏离在转换效率曲线顶部两侧的位置尤为明显。图5-13（b）～（d）用数据的形式展示晶体长度误差对光波长转换特性的影响。在图5-13（b）中，当晶体的实际制造长度小于标准长度（即理论上的长度）时，晶体的最大转换效率偏离理论值的程度较小；但当晶体的实际制造长度大于标准长度时，该误差对最大转换效率的影响则较大。例如，晶体长度比标准长度小0.3cm时，最大转换效率的相对误差绝对值为1.7%；而当晶体长度比标准长度大0.3cm时，最大转换效率的相对误差绝对值为7.3%。再看转换带宽受到的影响，如图5-13（c）所示。当晶体的实际制造长度小于标准长度时，转换带宽的波动较大，如当晶体长度为2.8cm和2.7cm时，其转换带宽与标准长度时的转换带宽相比，相对误差绝对值分别为 6.8%和15.6%；当晶体的实际制造长度大于标准长度时，转换带宽的波动则较为稳定，如晶体长度为3.3cm和3.4cm时，转换带宽的相对误差绝对值分别为6.1%和7.5%。从图5-13（c）还可以看出，当晶体长度制造误差超过0.2cm后，转换带宽受到的影响已不能忽视。图 5-13（d）为平坦度受晶体长度制造误差的影响，当实际晶体长度小于标准长度时，平坦度的波动较小；而当实际制造长度大于标准长度且超过 0.2cm 后，其平坦度将大于 1dB，不再平坦。

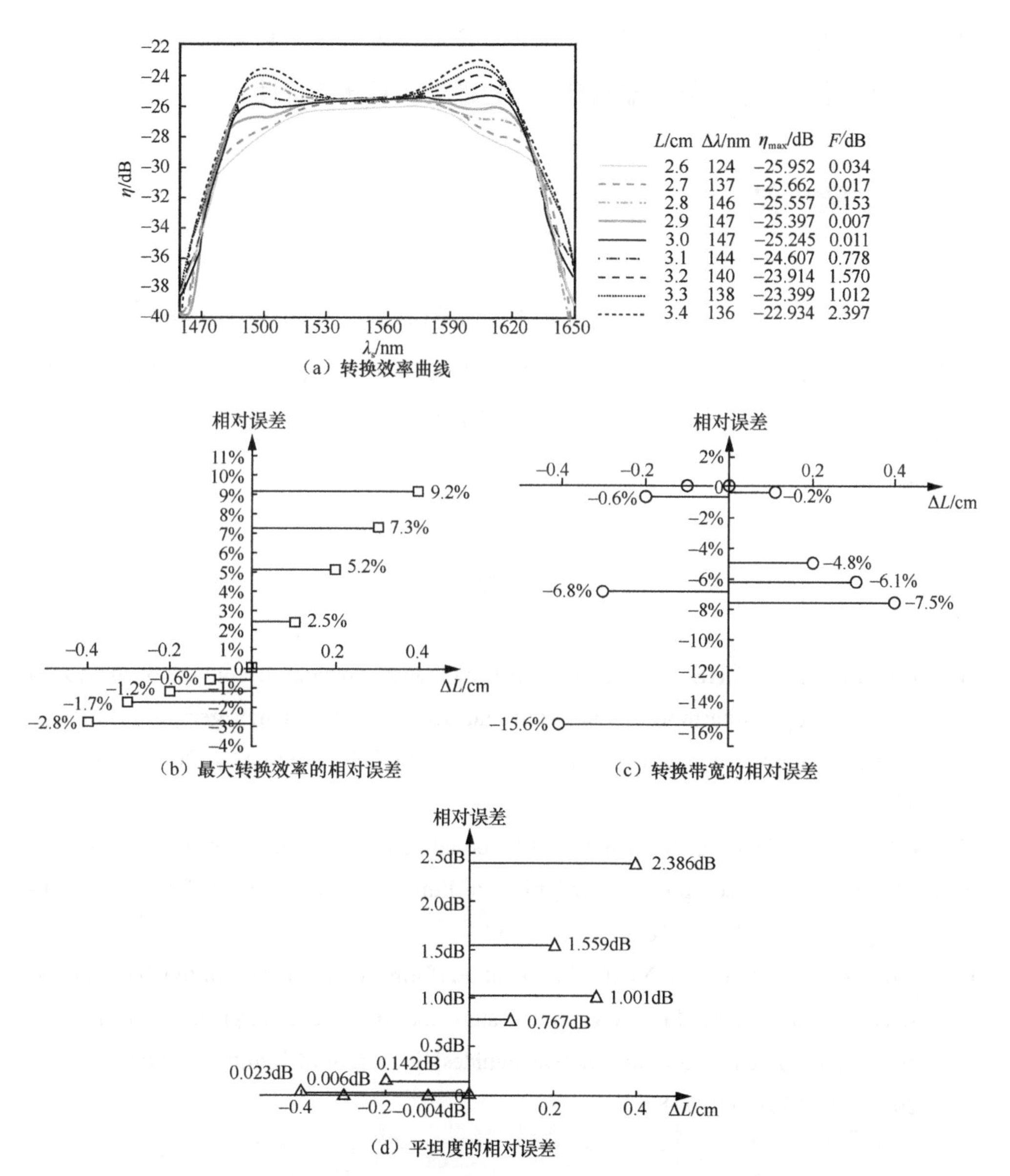

（a）转换效率曲线

（b）最大转换效率的相对误差

（c）转换带宽的相对误差

（d）平坦度的相对误差

图 5-13　以 3cm 为标准长度，误差在 0.4cm 内时，正弦振荡衰减啁啾结构的转换效率曲线，以及最大转换效率、转换带宽和平坦度的相对误差

综合考虑最大转换效率、转换带宽及平坦度受晶体长度制造误差的影响可得，正弦振荡衰减啁啾结构所能容忍的实际晶体长度制造误差范围为（0，±0.2）cm，超过这个限度后，光波长转换器的性能将会明显降低。根据现有光学超晶格的制造工艺，实际晶体长度误差不会达到±0.2cm，因此基于正弦振荡衰减啁啾结构光学超晶格的光波长转换器具有较稳定的光波长转换特性。

5.3 本章小结

本章主要介绍了两种结构较复杂的光学超晶格：贝塞尔啁啾结构光学超晶格和正弦振荡衰减啁啾结构光学超晶格，并给出了它们的结构设计方法，分析了基于这两种光学超晶格结构的光波长转换特性及它们对晶体长度制造误差的容忍度。

参考文献

[1] LIU T，QI Y，CHE L L，et al. Flat broadband wavelength conversion based on cascaded second-harmonic generation and difference frequency generation in segmented quasi-phase matched gratings[J]. Journal of Modern Optics，2012，59（7-8）：650-657.

[2] GAO S M，YANG C X，JIN G F. Flat broad-band wavelength conversion based on sinusoidally chirped optical super lattices in lithium niobate[J]. IEEE Photonics Technology Letters，2004，16（2）：557-559.

[3] GAO S M，YANG C X，XIAO X S，et al. Performance evaluation of tunable channel-selective wavelength shift by cascaded sum- and difference-frequency generation in periodically poled lithium niobate waveguides[J]. Journal of Lightwave Technology，2007，25（3）：710-718.

第6章 光学超晶格在频率上转换单光子探测技术中的应用

在量子通信领域的单光子探测技术中，目前的商用单光子探测器可以对1600nm波长以下的单光子直接进行探测。但如果想要探测波长更长的量子信号，目前最有效的手段就是采用基于光学超晶格的频率上转换（即波长转换）单光子探测技术[1]。通过理论分析，利用光学超晶格能够产生波长分别为2600nm和3800nm的纠缠光子对。本章将针对这两个波长的单光子，简要介绍利用光学超晶格对它们进行探测的方案，并进行相应的性能分析。

6.1 基于1550nm波长单光子探测器的频率上转换单光子探测方案

对于波长分别为2600nm和3800nm的两个纠缠光子，利用光学超晶格中的能量守恒和动量守恒条件[2]进行分析后可知，当采用DFG效应时，通过合理设计光学超晶格的极化周期及选择合适的泵浦光源，2600nm 和 3800nm 这两个波长的单光子可以都被转换到 1550nm 波长附近，再利用商用 1550nm 单光子探测器对它们进行探测。通过能量守恒和动量守恒条件计算得到，基于 DFG 效应的 2600nm→1550nm 波长转换过程所需的泵浦光波长约为 976nm，3800nm→1550nm 波长转换过程所需的泵浦光波长约为 1100nm。基于上述分析，研究人员设计了相应的频率上转换单光子探测方案，如图 6-1 所示。

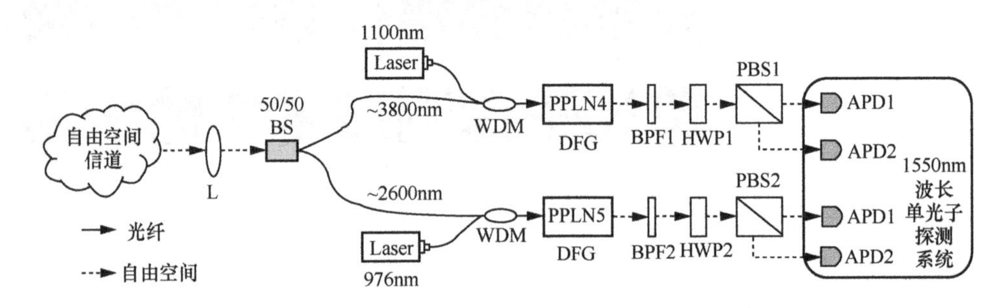

图 6-1　基于 DFG 效应的 2600nm 和 3800nm 波长纠缠光子的频率上转换单光子探测方案

在图 6-1 所示的单光子探测方案中，纠缠光子在接收端先通过透镜（L）耦合进 50/50 分束器（BS），分束器对纠缠光子进行分离，随后两个光子分别在上、下两个支路上进行波长转换。其中，2600nm 纠缠光子与 976nm 泵浦光通过波分复用器（WDM）合在一起，入射 PPLN5 晶体内完成 DFG 过程，生成携带 2600nm 纠缠光子信息的 1550nm 波长附近的转换光；3800nm 纠缠光子与 1100nm 泵浦光通过 WDM 合在一起，入射 PPLN4 晶体内完成 DFG 过程，生成携带 3800nm 纠缠光子信息的 1550nm 波长附近的转换光。之后，PPLN4 晶体和 PPLN5 晶体后面的带通滤波片（BPF1 和 BPF2）可以保证只有生成的 1550nm 附近的转换光通过。半波片（HWP1 和 HWP2）和偏振分束器（PBS1 和 PBS2）可以将 1550nm 波长纠缠光子的偏振态投影到任意的线偏振基，随后利用商用 1550nm 单光子探测器进行量子特性测量。上述即基于 1550nm 波长单光子探测器的频率上转换单光子探测方案。

6.2　基于 800nm 波长单光子探测器的频率上转换单光子探测方案

6.1 节利用 DFG 过程将 2600nm 和 3800nm 波长纠缠光子都转换为 1550nm 波长后完成了探测。除了 1550nm 单光子探测器外，800nm 波长附近的单光子探测器[3]在实际中也经常使用。通过对二阶非线性相互作用需满足的能量守恒和动量守恒条件进行分析得知，若想使用 800nm 单光子探测器对 2600nm 和 3800nm 波长纠缠光子进行探测，可利用光学超晶格的 SFG 效应先将 2600nm 和 3800nm 波长纠缠光子转换到 800nm 附近，随后再进行探测。通过具体计算得到，当采用 1100nm 波长激光器时，可通过 SFG 效应将 2600nm 波长纠缠光子转换为 773nm 波长；采用 976nm 波长激光器时，可通过 SFG 效应将 3800nm 波长纠缠光子转换为 777nm 波长，因此可重复利用 6.1 节所选的 976nm 和 1100nm 泵浦光实现基于 SFG 效应的频率上转换单光子探测，相应的探测方案如图 6-2 所示。

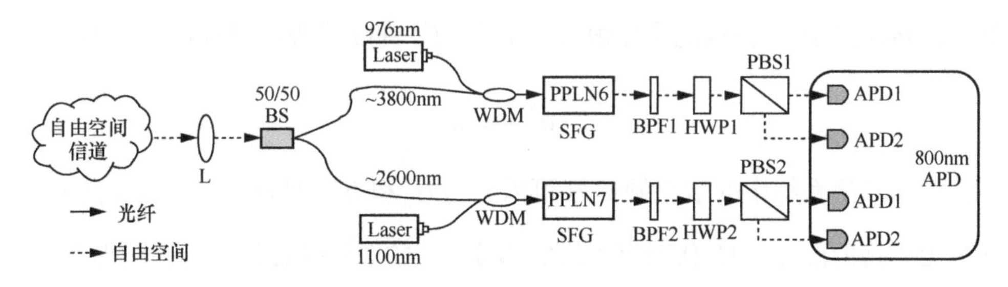

图 6-2　基于 SFG 效应的 2600nm 和 3800nm 波长纠缠光子的频率上转换单光子探测方案

基于 SFG 效应的频率上转换单光子探测方案与 6.1 节中基于 DFG 效应的频率上转换单光子探测方案类似，除了 PPLN6 和 PPLN7 晶体实现的是 SFG 过程，以及单光子探测器、波分复用器等针对的波长与 6.1 节中有所区别，其余的都相同，因此不再赘述具体探测流程。

6.3 频率上转换单光子探测方案的性能分析

6.3.1 频率上转换过程中的量子特性分析

为了保证量子信号的性能在探测阶段不受频率转换的影响，要求频率转换过程不应改变纠缠光子的量子态。下面利用量子理论对前面给出的非线性频率转换过程进行分析，研究 2600nm 和 3800nm 波长纠缠光子的量子态在频率转换过程中是否发生了变化，量子态若改变则意味着通信失败。

实际的量子通信系统会与外界相互作用，相互作用被认为是噪声。由于光子的能量很弱，约为 10^{-19}J，所以噪声很容易造成光子的大小和相位发生变化。噪声的来源有很多，包括非理想设备、双折射效应、温度等，可以将这些复杂的抽象物理过程转换为数学模型。

利用量子运算数学公式来描述量子通信系统的动力学过程。采用哈密顿算符表示频率转换过程，令湮灭算符 $\hat{a}_1$、$\hat{a}_\mathrm{p}$ 和 $\hat{a}_2$ 分别为输入信号光子、泵浦光子和输出转换光子[4]。根据能量守恒，DFG 过程或 SFG 过程可以描述为以下形式。

$$\hat{a}_2^\dagger = \hat{a}_\mathrm{p}\hat{a}_1^\dagger \tag{6-1}$$

频率转换系统中的哈密顿量 H 可以分为 H_0 和 H'，即 $H = H_0 + H'$，其中 H_0 代表无干扰的部分，H' 代表有干扰的部分。在频率转换过程中，若长波长纠缠光子的量子态是基于偏振的，频率转换后要保证偏振方向不变。假设发生变化的部分是 H'，进行频率转换时，其与非线性作用的距离相关，即若光学超晶格的长度为 L，则 H' 是与 L 相关的。光子在光学超晶格中的传输距离还与传输时间 t 有关，因此 H' 又可以表示为 $H'(t)$，则系统哈密顿量如下。

$$H(t) = H_0 + H'(t) \tag{6-2}$$

所以系统的哈密顿量是含时的，此时系统的薛定谔方程如下。

$$\mathrm{i}\hbar\frac{\partial\psi(\vec{r},t)}{\partial t}=H(t)\psi(\vec{r},t) \tag{6-3}$$

含时薛定谔方程的一般解如下。

$$\psi(\vec{r},t)=\sum_{m}a_m(t)\varphi(\vec{r})\mathrm{e}^{-(\mathrm{i}/\hbar)\varepsilon_m t} \tag{6-4}$$

$$a_m(t)=\int\varphi^*(\vec{r})\psi(\vec{r},t)\mathrm{e}^{-(\mathrm{i}/\hbar)\varepsilon_m t} \tag{6-5}$$

当 H_0 不含时时有定态解：$H_0\phi_n=\varepsilon_n\phi_n$。

把含时一般解代入含时薛定谔方程，并用定态解化简，可得以下结果。

$$\mathrm{i}\hbar\frac{\mathrm{d}a_m(t)}{\mathrm{d}t}=\sum_{n}H'_{mn}a_n(t)\mathrm{e}^{\mathrm{i}w_{mn}t} \tag{6-6}$$

其中，$H'_{mn}=\int\varphi_m^*H'\varphi_n\mathrm{d}\tau$，$w_{mn}=\frac{1}{\hbar}\left(\varepsilon_m-\varepsilon_n\right)$。

设当 $t<0$ 时，H_0 不含时间 t；当 $t=0$ 时，系统处于某一定态；从 $t>0$ 开始，加入外场 H'，此时系统状态由式（6-6）决定。

利用逐次逼近的方式求解 $H'(t)$，系统初始状态是 H_0 的第 k 个状态。初始条件为：$t=0$，$a_n(0)=\delta_{nk}$。根据式（6-6）得到 $a_m(t)=\frac{1}{\mathrm{i}\hbar}\int_0^t H'_{mn}\mathrm{e}^{\mathrm{i}w_{mn}t'}\mathrm{d}t'$。$a_m(t)$ 是系统的波函数，$\left|a_m(t)\right|^2$ 是系统可能因频率转换发生改变的概率，得到一级近似下的跃迁概率如下。

$$P_{\mathrm{sys}}=\left|a_m(t)\right|^2=\frac{\left|a_m(L)\right|^2}{c^2}=\frac{1}{\hbar c^2}\left|\int_0^L H'_{mn}\mathrm{d}L\right|^2 \tag{6-7}$$

根据量子密钥分发协议（简称 BB84 协议），如果改变偏振状态，则系统从一种量子态到另一种量子态的跃迁概率不为 0，需要对 P_{sys} 再进行进一步的分析。

单光子水平上的 DFG 过程可以用以下哈密顿量来描述[5]。

$$H'_{mn} = \mathrm{i}\hbar(\xi^* \hat{a}_{\mathrm{s}}\hat{a}_{\mathrm{c}}^\dagger - \xi\hat{a}_{\mathrm{c}}a_{\mathrm{s}}^\dagger) \tag{6-8}$$

$\hbar = 6.626\times10^{-34}\,\mathrm{Js}$，是普朗克常数。$\xi$ 是非线性介质耦合系数，$\xi = |gE_{\mathrm{p}}|\mathrm{e}^{\mathrm{i}\phi}$，其中，$E_{\mathrm{p}}$ 是泵浦光电场强度；ϕ 是泵浦光相位（假设为0）。定义 g 参数如下。

$$g = 2\pi d_{\mathrm{eff}}\left(\sqrt{n_1 n_{\mathrm{p}}\lambda_1\lambda_{\mathrm{p}}}\right)^{-1} \tag{6-9}$$

其中，n_1 和 n_{p} 是信号光和泵浦光在光学超晶格内的折射率，d_{eff} 是有效非线性系数。

根据等价公式 $\hat{a}_{1/2}(t) \equiv U^\dagger\hat{a}_{1/2}(t)U$ 和 $U \equiv \exp(-\mathrm{i}HL/\hbar)$，光学超晶格输出端信号光子算符和转换光子算符如下。

$$\begin{aligned}\hat{a}_1(L) &= \cos(|gE_{\mathrm{p}}|L)\hat{a}_1(0) - \sin\left(|gE_{\mathrm{p}}|L\right)\hat{a}_2(0)\\ \hat{a}_2(L) &= \sin(|gE_{\mathrm{p}}|L)\hat{a}_1(0) + \cos\left(|gE_{\mathrm{p}}|L\right)\hat{a}_2(0)\end{aligned} \tag{6-10}$$

式（6-1）可以写成 $\hat{a}_2^\dagger(L) = \hat{a}_{\mathrm{p}}(L)\hat{a}_1^\dagger(L)$，此时可将式（6-7）变为以下形式。

$$P_{\mathrm{sys}} = \frac{1}{\hbar c^2}\left|\int_0^L H'_{mn}\mathrm{d}L\right| = \frac{1}{\hbar c^2}\cdot\left\{\hbar\left[\cos^2\left(|gE_{\mathrm{p}}|L\right) + \sin^2\left(|gE_{\mathrm{p}}|L\right)\right]\right\}^2 \tag{6-11}$$

P_{sys} 的值近似于 10^{-50}，即 $P_{\mathrm{sys}} \approx 0$。

基于 SFG 过程的分析与基于 DFG 过程的分析相似，P_{sys} 的值也约为 0。因此，在 6.1 节和 6.2 节的频率上转换单光子探测方案中，使用的 DFG 效应和 SFG 效应不会引起纠缠光子在量子特性中的改变。

6.3.2　频率转换效率分析

假设在频率转换过程中，光学超晶格输入端的量子态为 $|\psi\rangle = |\phi_1, 0_2\rangle$，$|\phi\rangle_1$ 表示纠缠光子态，$|0\rangle_2$ 表示泵浦光的真空态。

在 DFG 过程中，光学超晶格输出端生成的差频光的平均光子数如下。

$$
\begin{aligned}
N(L) &= \left\langle \hat{a}_2^\dagger(L)\hat{a}_2(L)\right\rangle \\
&= \langle\psi| \left[\sin\left(\left|gE_\mathrm{p}\right|L\right)\hat{a}_1^\dagger(0) + \cos\left(\left|gE_\mathrm{p}\right|L\right)\hat{a}_2^\dagger(0)\right]\times \\
&\quad \left[\sin\left(\left|gE_\mathrm{p}\right|L\right)\hat{a}_1(0) + \cos\left(\left|gE_\mathrm{p}\right|L\right)\hat{a}_2(0)\right]|\psi\rangle
\end{aligned}
\tag{6-12}
$$

当泵浦光处于真空态时，$\left\langle 0_2\left|\hat{a}_2^\dagger(0)\right|0_2\right\rangle = \left\langle 0_2\left|\hat{a}_2(0)\right|0_2\right\rangle = 0$，化简式（6-12），得到以下结果。

$$
N(L) = \sin^2\left(\left|gE_\mathrm{p}\right|L\right)N_1(0) \tag{6-13}
$$

式中，$N_1(0)$ 是入射信号光的平均光子数。利用式（6-13）可得差频转换效率如下。

$$
\eta_\mathrm{DFG} = N(L)/N_1(0) = \sin^2\left(\left|gE_\mathrm{p}\right|L\right) \tag{6-14}
$$

再利用式（6-9）可得以下结果。

$$
\eta_\mathrm{DFG} = \sin^2\left(2\pi d_\mathrm{eff}L\sqrt{2P_\mathrm{p}/c\varepsilon_0 d_\mathrm{eff}n_1 n_2 n_\mathrm{p}\lambda_1\lambda_2}\right) \tag{6-15}
$$

式中，n_2 是差频光在光学超晶格中的折射率，λ_1 和 λ_2 是信号光和差频光的波长。从式（6-15）可以看出，DFG 过程的转换效率与光学超晶格长度和泵浦光功率有关。根据实际情况，DFG 过程或 SFG 过程所用的光学超晶格长度 L 一般为 0～6cm，泵浦光功率 P_p 假设在 0～700mW。当取不同的晶体长度时，仿真得到差频转换效率 η_DFG 随泵浦光功率变化的曲线如图 6-3 所示。

从图 6-3（a）可以看出，当晶体长度分别取 2cm 和 4cm 时，3800nm 纠缠光子的差频转换效率 η_DFG1 随泵浦光功率的增大而增大，分别达到 43%和 98%；当晶体长度取 6cm 时，η_DFG1 随泵浦光功率的增大先增大后减小，且在 P_p=250mW 时达到 100%。由于式（6-13）中的晶体长度 L、非线性耦合系数 $\xi = \left|gE_\mathrm{p}\right|$ 和泵浦

光强度 E_p 都是可控参量，因此在理论上，通过选取合适的条件可以使转换效率达到 100%。从图 6-3（b）可以看出，当晶体长度取 2cm 时，2600nm 纠缠光子的差频转换效率 η_{DFG2} 随泵浦光功率的增大而增大，最终达到 57%；但当晶体长度分别取 4cm 和 6cm 时，η_{DFG2} 随泵浦光功率的增大先增大后减小，分别在 170mW 和 430mW 时达到 100%。图 6-3（a）和图 6-3（b）都出现了差频转换效率先增大后减小的变化趋势，这是因为差频转换效率 $\eta_{DFG} \propto \sin^2(x)$，所以差频转换效率会呈现拉比振荡特征[6, 7]，和频转换效率也是如此。

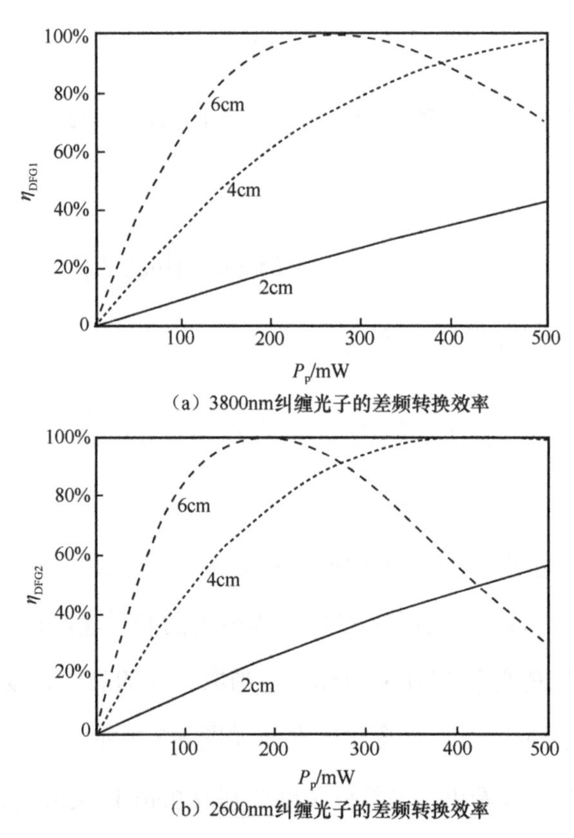

（a）3800nm纠缠光子的差频转换效率

（b）2600nm纠缠光子的差频转换效率

图 6-3　不同晶体长度下差频转换效率随泵浦光功率变化的曲线

从图 6-3 中还可以看出，晶体越长，差频转换效率的增长速度越快。在晶体长度相同的情况下，对比图 6-3（a）和图 6-3（b）可知，信号光的波长较短时，差频转换效率随泵浦光功率增长速度较快。

当泵浦光功率分别取 200mW、400mW 和 700mW 时，仿真得到差频转换效率随晶体长度变化的曲线如图 6-4 所示。

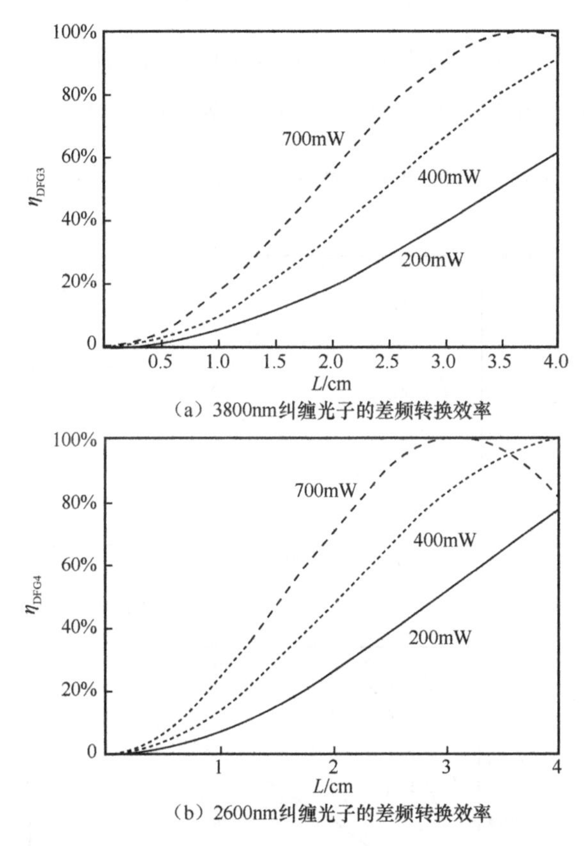

（a）3800nm纠缠光子的差频转换效率

（b）2600nm纠缠光子的差频转换效率

图 6-4　不同泵浦光功率下差频转换效率随晶体长度变化的曲线

从图 6-4 可以看出，当泵浦光功率分别取 200mW 和 400mW 时，3800nm 和 2600nm 纠缠光子的差频转换效率 η_{DFG3} 和 η_{DFG4} 都随晶体长度的增加而增大，L=4cm 时，差频转换效率分别达到 61%和 91%；当泵浦光功率取 700mW 时，3800nm 和 2600nm 纠缠光子的差频转换效率随晶体长度的增加先增大后减小，η_{DFG3} 和 η_{DFG4} 分别在 3.5cm 和 3cm 处达到最大转换效率 100%。此外，对比图 6-4（a）和图 6-4（b）可知，信号光波长较短时，差频转换效率随晶体长度增长速度较快。

分析 DFG 过程的方法也适用于分析 SFG 过程，通过式（6-12）～式（6-15）得到和频转换效率如下。

$$\eta_{\mathrm{SFG}}=\sin^2\left(2\pi d_{\mathrm{eff}}L\sqrt{2P_{\mathrm{p}}/c\varepsilon_0 d_{\mathrm{eff}}n_1n_2n_p\lambda_1\lambda_2}\right) \tag{6-16}$$

式中，n_1、n_2和 n_{p}是 SFG 过程中信号光、和频光和泵浦光在光学超晶格内的折射率，λ_1和λ_2是 SFG 过程中信号光与和频光的波长。跟 DFG 过程类似，我们分析了不同晶体长度下和频转换效率随泵浦光功率变化的关系，其曲线如图 6-5 所示。

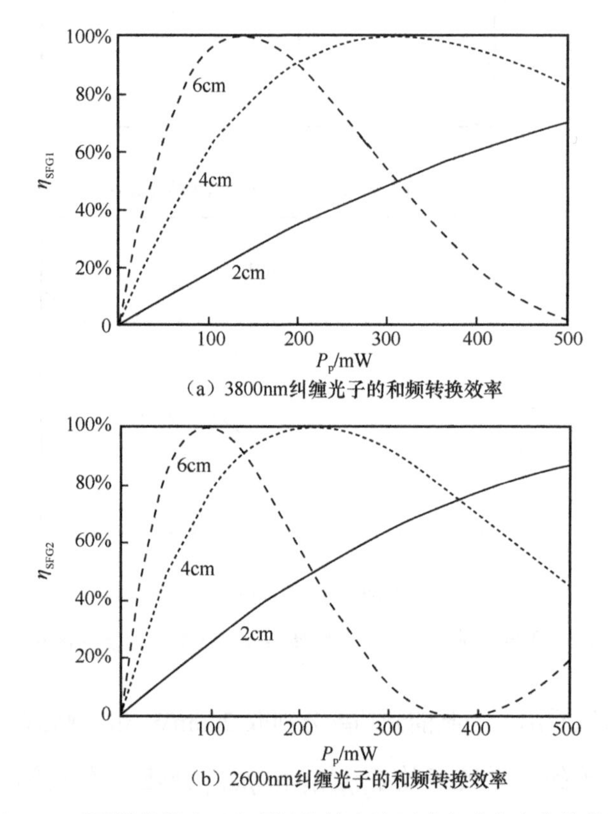

（a）3800nm纠缠光子的和频转换效率

（b）2600nm纠缠光子的和频转换效率

图 6-5　不同晶体长度下和频转换效率随泵浦光功率变化的曲线

从图 6-5 中可以看出，不同晶体长度下，和频转换效率随泵浦光功率的变化趋势与差频转换效率类似，在此不再赘述。它们之间的区别在于，对于相同的晶体长度，随着泵浦光功率的增加，和频转换效率比差频转换效率更快地达到 100%，即采用 SFG 效应在理论上可以利用相对较小的泵浦光功率实现 100% 的转换效率。

同样，我们也分析了当泵浦光功率分别取 200mW、400mW 和 700mW 时，和频转换效率随晶体长度变化的关系，其曲线如图 6-6 所示。

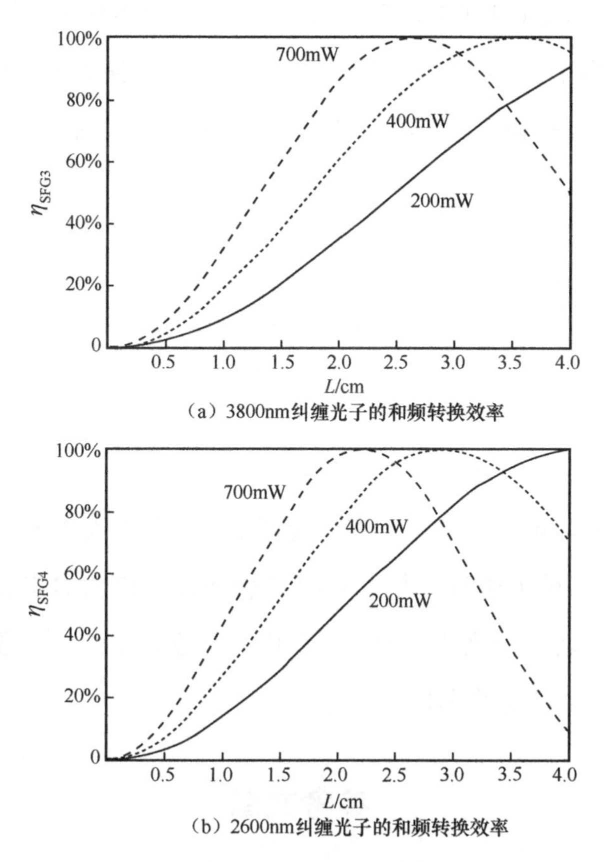

（a）3800nm 纠缠光子的和频转换效率

（b）2600nm 纠缠光子的和频转换效率

图 6-6　不同泵浦光功率下和频转换效率随晶体长度变化的曲线

从图 6-6 可以看出，当泵浦光功率取 200mW 时，和频转换效率随晶体长度的增加而增大，3800nm 纠缠光子的和频转换效率可达到 90%，而 2600nm 纠缠光子的和频转换效率可达到 100%。在图 6-6（a）中，当泵浦光功率分别取 400mW 和 700mW 时，和频转换效率随晶体长度的增加先增大后减小，分别在 2.6cm 处和 3.5cm 处达到 100%和频转换效率。在图 6-6（b）中，当泵浦光功率分别取 400mW 和 700mW 时，和频转换效率随晶体长度的增加先增大后减小，分别在 2.2cm 处和 2.8cm 处达到 100%和频转换效率。对比图 6-6（a）和图 6-6（b）可知，信号光波长较短时，随着泵浦光功率的增加，和频转换效率的增长速度较快。

对比图 6-6 和图 6-4 可知，在相同的泵浦光功率条件下，采用 SFG 效应在理论上可以利用相对较短的晶体长度实现 100%的转换效率。也就是说，基于 800nm 波长单光子探测器的频率上转换单光子探测方案对光学超晶格的长度要求相对较低。

6.4 本章小结

本章针对量子通信中的长波长量子信号（如 2600nm 和 3800nm 的纠缠光子对）的探测问题，介绍了利用光学超晶格和现有商用探测器对长波长单光子进行探测的两种可行性方案，理论验证了这两种方案都不会改变光子的量子特性，同时还分析了这两种方案中 DFG 转换效率和 SFG 转换效率分别随晶体长度和泵浦光功率变化的情况。本章内容可以为中红外波段单光子探测技术的发展提供一定的思路和理论指导。

参考文献

[1] SHENTU G L，XIA X X，SUN Q C，et al. Upconversion detection near 2μm at the single photon level[J]. Optics Letters，2013，38（23）：4985-4987.

[2] 刘涛，喻松，张华，等.基于准相位匹配晶体的宽带可调谐光参量放大过程研究[J]. 物理学报，2009，58（04）：2482-2487.

[3] HADFIELD R H. Single-photon detectors for optical quantum information applications[J]. Nature Photonics，2009，3（12）：696-705.

[4] ZHAO N，ZHU C H，PEI C X，et al. The switching of single photon in near-infrared quantum communication networks[J]. Journal of Infrared & Millimeter Waves，2015，

34（2）：157-160.

[5] IKUTA R，KUSAKA Y，KITANO T，et al. Wide-band quantum interface for visible-to-telecommunication wavelength conversion[J]. Nature Communications，2011，2（1）：1544.

[6] GU X R，HUANG K，PAN H F，et al. Photon correlation in single-photon frequency upconversion[J]. Optics Express，2012，20（3）：2399-2407.

[7] VANDEVENDER A P，KWIAT P G. High efficiency single photon detection via frequency up-conversion[C]. Conference on Quantum Information and Computation，2003.